农业系统技术干部培训教材

光伏技术在农业中的应用

周长吉　高秀清　主编

中国农业大学出版社
·北　京·

内 容 简 介

《光伏技术在农业中的应用》一书重点介绍光伏农业产业发展概述、太阳能光伏发电系统、光伏温室技术、光伏水泵提水节水技术、太阳能光伏杀虫灯技术等。

图书在版编目(CIP)数据

光伏技术在农业中的应用/周长吉,高秀清主编．—北京:中国农业大学出版社,2014.9

ISBN 978-7-5655-1064-9

Ⅰ.①光… Ⅱ.①周… ②高… Ⅲ.①太阳能发电-应用-农业工程-研究 Ⅳ.①S214

中国版本图书馆 CIP 数据核字(2014)第 207694 号

书　　名　光伏技术在农业中的应用

作　　者　周长吉　高秀清　主编

策划编辑　张　蕊　陈肖安　汪春林　　**责任编辑**　张　玉

封面设计　郑　川　　**责任校对**　王晓凤　陈　莹

出版发行　中国农业大学出版社

社　　址　北京市海淀区圆明园西路 2 号　　**邮政编码**　100193

电　　话　发行部 010-62818525,8625　　读者服务部 010-62732336

编辑部 010-62732617,2618　　出　版　部 010-62733440

网　　址　http://www.cau.edu.cn/caup　　**e-mail** cbsszs @ cau.edu.cn

经　　销　新华书店

印　　刷　北京时代华都印刷有限公司

版　　次　2014 年 9 月第 1 版　　2014 年 9 月第 1 次印刷

规　　格　880×1 230　　32 开本　　6 印张　　110 千字

定　　价　15.00 元

编写人员

主编　周长吉　高秀清

参编　丁小明　李思博　杜孝明　曹　楠

蒋　晓　魏晓明

前　言

作为一种清洁可再生能源，太阳能光伏技术近年来在全球都得到了大力发展，其不仅应用在工业生产和居民生活中，在现代农业中也有巨大的应用价值。推动光伏技术在农业领域的广泛应用，是发展现代农业和解决光伏产业困境的双赢之道。本书重点介绍光伏农业技术的国内外发展情况、太阳能光伏发电系统的组成和原理以及光伏技术在农业生产中的应用技术，包括光伏温室技术、光伏水泵提水节水技术、太阳能光伏杀虫灯技术等内容，涵盖了当前光伏技术在农业中应用的重点领域和关键技术，具有很强的针对性和实用性，是农业系统专业技术干部的继续教育教材，也可作为高职院校相关专业等学生的参考教材。

本书在编写过程中尽量多地对一些基础术语给出解释，内容更多地侧重于技术应用的实践和操作，尽可能做到通俗易懂，以满足不同层次农业技术人员的学习和使用。但为了保留技术的完整性，书中也涉及了一些从原理到设计的知识，可进一步加深对技术体系的理解。作为教材使用，可根据学员的知识水平和实际需要有选择地讲授和学习。

本书由农业部规划设计研究院周长吉研究员和北京农业职业学院高秀清副教授等共同编写，周长吉、高秀清担任主编。农业部科技教育司王青立、北京农业职业学院马俊哲和原农业部农民科技教育培训中心陈肖安等同志对本书内容进行了审定，在此一并表示感谢。

由于编者水平有限，加之时间仓促，本书中不妥和错误之处在所难免。衷心希望广大读者提出宝贵意见，以期进一步修订和完善。

编　者

2014 年 1 月

目　录

一、光伏农业产业发展概述

(一)光伏农业兴起的背景

农业是国民经济的基础,是安天下、稳民心的战略产业。纵观一万年来世界农业的发展历史,从刀耕火种的原始农业到铁犁牛耕、自给自足的传统农业,人类社会一直面临着饥荒、灾荒的折磨。直到第二次世界大战之后,随着现代石油农业(又称能源农业)的兴起,粮食短缺问题,才得到根本性的转变。可以说以高能量投入换取高产量的现代石油农业对保障世界粮食安全问题做出了巨大贡献。

与此同时,由于现代石油农业对生产资料高投入的依赖,导致农业生产的能源消耗量巨大,特别是在农业现代化水平显著提高的今天,对化石能源的依赖,已经成为制约农业可持续发展的重要因素。以我国为例,1985 年全国粮食产量 3.79 亿 t,农业生产能源消耗量 3 081.81 万 t 标准煤;2011 年全国粮食产量 5.71 亿 t,农业生产能源消耗量 6 758.53 万 t 标准煤。从 1985—2011 年,粮食产量增加了 50.6%,而能源消耗量却增长了1.2倍。从能源结构来看，我国农村生产能源长期以来以石油、煤炭和电力为主，在化石能源濒临枯竭的今天，如何增加新能源、可再生能源在农业生产中的消费比例、发展资源节约型现代农业，已成为实现现代农业可持续发展、保障粮食安全供给的重要课题。

太阳能是地球上最直接、最普遍，也是最清洁的可再生能源。太阳能以其分布广泛、易得易用、无污染等特点在新能源的应用中占据主要份额，也是人类解决能源短缺和环境污染问题的重要选择。目前关于太阳能的利用方式上，主要分为光热利用和光电利用两大方式。太阳能光热利用运用于农业生产已有悠久的历史，主要有太阳能集热器、被动式太阳能温室、日光温室、太阳能干燥房等方式。太阳能光电利用，以光伏发电为主，由于能够将太阳能转化成清洁能源——电力，以其特有的利用便捷性，近年来也在农业生产中得到了广泛应用，并形成了一个特殊的农业名词——光伏农业。随着光伏行业农业产业化进程的加快，相关光伏农业产品也被源源不断地开发出来，为农业生产提供便利的同时，也能提升农业科技水平，改善农民生活水准，推动农村加快转型。同时，国家也出台了一些政策、措施推动光伏农业发展。

现代农业需要光伏技术支撑，而光伏产品在农业上的应用价值也不可估量，推动光伏农业发展，是发展现代农业和解决光伏产业困境的双赢之道。光伏产业是太阳能被人类利用的一条重要途径，尤其对于我国这样一个农业生产大国。面对资源分布不均、经济发展差异巨大的国情，大力发展光伏产业在农业领域的应用，具有深远的历史意义和低碳减排的引领作用，从而带动农业领域的可持续发展。在中国光伏出口面临欧美双反限制的不利情况下，在本土发掘更多的需求将成为光伏产业界的重要课题，农业生产的光伏应用，则是众多应用中最具前景的一种。

（二）光伏农业的概念及内涵

1.光伏农业的概念

光伏（photovoltaic，简称 PV）是太阳能光伏发电系统（photovoltaic power system）的简称，是一种利用半导体材料的光伏效应，将太阳光辐射能直接转换为电能的一种新型发电系统，有独立运行、并网运行和混合运行三种方式，它是一种新兴的可再生能源技术。太阳能光伏发电具有电池组件模块化、安装维护方便、使用方式灵活等特点，是太阳能发电应用最多的技术。

光伏农业就是用光伏发电技术转化的电能替代传统的化石能源应用于种植、养殖、灌溉、病虫害防治以及农业机械动力等农业生产过程中而形成的一种新型现代农业生产方式，是集农业经济发展、生态环境保护、高效资源利用为一体的现代综合农业生产体系。该体系结合动植物的生长需求，遵循农业生产规律，创新物质与能量转换技术，以达到智能补光、补水、控温、节能等目的，使产品具有安全、营养、健康的特色，真正实现了从田间到车间、把黑夜变白天、将光能变电能、以立体换平面、以空间换时间的传统农业生产变革。目前，光伏农业正处于全面探索、开发、应用阶段，其中有些技术已比较成熟。结合全球能源短缺的现状，可以预见未来十年内光伏农业技术将会在世界范围进行大面积、大规模、大领域推广运用。

2.光伏农业的主要技术类型

光伏技术在农业中应用的主要类型有：太阳能杀虫灯、光伏温室、光伏养殖场、光伏水泵、新型农村光伏电站等。

(1)太阳能杀虫灯

利用太阳能电池板，将太阳光直接转换成电能，提供能源给杀虫灯，然后利用昆虫天生的趋光性、趋波性、趋色性的生理特性，辅以特定波长的光源，夜晚害虫被杀虫灯的光波所吸引，便会奋不顾身地扑向光源，而在光源的外围安装有一层高达 3 000～5 000 V 的高压电网，害虫便会在飞往灯光的过程中触电身亡。太阳能杀虫灯利用光谱变频技术突破了传统杀虫灯使用单一光波段的局限性，使有效光波范围更广，诱杀害虫种类及数量更多，使用范围更大，可诱杀 1 000 余种害虫和蚊蝇，适用于各种农林作物和畜牧养殖场。太阳能杀虫灯安装方便，不用架设常规电源。一台太阳能杀虫灯最大可辐射

2 hm^2 面积，使用寿命长达10年。

相比于传统化学农药杀虫，太阳能杀虫灯最大的好处是取代了农药或减少了农药的用量，可保证食品安全。同时，市场上的此类产品已经具有时控、雨控、光控、全天候智能化管理等功能，除了普通电源产品外，有些高科技公司还开发出一体化野外太阳能照明杀虫灯、室内便携式照明杀虫杀蚊灯等产品，极大地方便了农民进行病虫害防治。

(2)光伏温室

这种技术是在对农作物采光需求进行合理计算的基础上，利用温室建筑安装太阳能光伏板，在基本不影响室内农作物生长的基础上，进行光伏发电，从而将温室农作物生产与光伏发电系统有机结合的一种新型设施园艺技术。该技术可实现太阳能发电与温室生产的一体化，太阳能发电直接供给温室使用，既有效利用了土地资源，又节省了电力传输中的能源和资材消耗，该技术已引起业内越来越多的关注。

(3)光伏养殖场

这是将现代清洁能源工程与传统养殖事业相结合，在养殖场屋顶建设光伏电站，用以改造和提升传统畜牧养殖业并提供绿色能源的一种全新尝试，同时其推广和普及也能在提升新能源利用水平方面起到积极作用。

(4)光伏水泵

即太阳能动力水泵，亦称为光伏扬水系统，主要由光伏扬水逆变器、交流水泵和太阳能电池阵列组成。它利用太阳能电池发出的电力，通过最大功率点跟踪及变换、控制等装置，驱动直流、永磁、无刷、无位置传感器、定转子双塑电机、高效异步电机或高速开关磁阻电机带动高效水泵，将水从地表深处提至地面供农田灌溉或人畜饮用，为发展现代农业、节能、环保等提供了极其良好的手段。与常见的柴油抽水机比较，具有很高的经济性优势。太阳能水泵系统全自动运行，无须人工值守，系统省却掉储能装置蓄电池，以蓄水替代蓄电，直接驱动水泵扬水，运行稳定，大幅降低系统的建设和维护成本。

(5)新型农村光伏电站

这是一种以村为单位分享光伏发电系统的创新型商业尝试，在每一个村庄建设一个光伏电站，服务三农。考虑到太阳能发电技术在新农村建设中具有较大的应用发展空间，未来这类技术产品将大有可为。

以上光伏农业技术只是极具代表性的、可实际运用的几类技术形式，实际上，光伏农业还在其他很多方面有着广阔的应用前景。假以时日，类似的产品会源源不断地被开发出来，为农业生产提供便利的同时，也能提升农业科技水平，改善农民生活水准，推动农村加快转型。

3.光伏农业技术的主要特性

相对于传统的农业生产技术，光伏农业具有以下主要基本特性。

(1)以太阳能作为主要能源供给来源

在光伏农业的生产要素中，贯穿一致的是以太阳能作为主要能源提供农业生产动力或电源，如：光伏温室发电的电能用于温室的环境调控、光伏提水技术中的水泵的提水动力、太阳能杀虫灯中光源的电能等，从而摒弃了传统的化石能源，实现了资源的节约。

(2)规模化、区域化特征明显

生产经营规模化是光伏农业产业化的必要条件，光伏农业产业只有具备一定的规模，才能增强辐射力、带动力和经济竞争力。此外，由于太阳能受区域地理位置和气候特征的影响较大，所以不同区域的光伏农业技术模式都各不相同、各具特色。

(3)技术集成化程度较高

光伏农业技术涉及光伏发电和农业生产两大领域，所以，一方面需要光伏电板、逆变器、汇流器等发电技术装备；另一方面又需要温室、水泵等现代农业生产装备，是现代工业技术与传统农业技术的有效结合，因此，光伏农业技术是集成化的再创新，科技含量较高。

(4)产业组织化程度较高

由于光伏农业的初始投资一般较高，其经营主体一般采用龙头企业单独运营或公司+农户的联合运营模式，因此，产业的组织化程度及建设、运营的标准化程度都较高。

4.发展光伏农业的意义

(1)发展光伏农业有利于农产品的安全生产

太阳能杀虫灯等设备，通过物理防治的作用机理，可有效诱杀害虫，从而减轻病虫害的影响、减少农药的使用，实现降低农产品农药残留、保护农村生态环境的目的。

(2)光伏农业可以为种植、养殖基地提供能源供给

光伏农业可以给蔬菜、苗木、牲畜的生产提供热量和电力，从而解决了在偏远地区种、养殖基地能源供给困难的问题。

(3)光伏农业能够实现工、农业的优势互补

光伏农业将光伏发电与现代农业生产有机地结合起来，利用工业生产的雄厚资本，投入到农业领域，解决了现代农业生产设施资金投入高的难题；同时现代农业产生的效益，缩短了光伏发电的投资回收期，更为重要的是，光伏农业在不改变农用地性质的同时，使大规模太阳能发电成为可能，有望改变人们对大规模太阳能发电区域布局的认识。因此，实现了工农业的优势互补。

(4)发展光伏农业是当前社会主义新农村建设的需要

国家正在大力推进社会主义新农村建设，其中一个重要

内容便是加快农村基础设施建设，如能将太阳能照明、太阳能取暖、太阳能发电等在农村逐步推广，这无疑将为农民提供了良好的生活便利。

(5)发展光伏农业可显著增加农用地单位面积效益

光伏农业通过工厂化立体生产的手段，实现单位面积作物产量倍增。以江苏省镇江市丹徒区“农立方”为例，通过光伏农业技术，该基地实现了将田间变车间，把黑夜变白天，以立体换平面，用空间换时间，同时促进上游籽种产业和下游养殖产业的发展，改变原有土地使用方式，增加农业收益。基于镇江“农立方”生产模式，目前安排共 43 组植物生长立体组合架，种植豌豆苗、松柳苗和花生苗，每 6 天为一个循环，七组架子为一个周期。每盘用种量 0.05 kg，日用种量 235 kg，日产出量 1 881.6 kg，一个循环共产出 11.3 t，每天产出约 1.88 t。每天发电约为 80～120 kW·h，而且不受季节和气候的限制，实现了周年均衡化生产，稳定了市场供应。

(6)发展光伏农业能够加快我国现代农业的进程

相比工业和服务业，农业生产投资大、见效慢、收益低，特别是在过去很长一段时间内，由于农产品价格“剪刀差”、农村投资环境欠佳、国家发展战略倾向等问题的存在，农业和农村“缺血”现象严重，成为制约农村地区发展的经济“瓶颈”。相比之下，光伏农业生产模式具有政府部门积极的政策导向，能够得到新能源使用政策、补贴、税收、土地、信贷等方面的优惠和支持,经济和社会效益明显,这些积极因素促使农业和农村日趋成为社会资金流向的重要领域。随着资金、信息和技术的进入,光伏农业产业化经营可逐渐壮大自身规模,完善投融资和利益分配制度,进而激活农业、农村金融信贷市场,活跃农村经济,加快我国农业现代化进程。

(7)发展光伏农业是光伏产业走出目前市场困境的重要出路

从长远来看,发展光伏农业对于我国的农业转型具有重要意义,而从短期来看,光伏农业是解决目前光伏产业困境的有效措施。2011 年,国际光伏市场委靡不振,国内大量光伏企业也陷入困境,产能过剩问题严峻,原本风光无限的光伏企业集体进入“寒冬”。从根本上讲,国内光伏产业要打破危机,关键就在于能否逐渐实现自我转型,摆脱对出口的依赖,这就需要其深耕国内应用市场,而开拓国内光伏市场,走“农村包围城市”的路线或许更为现实,而发展光伏农业则是一个必然的选择。要走“农村包围城市”之路,光伏应用企业需要转型升级:加大产品在终端运用的研发力度,生产出在农业生产、农民生活中可广泛运用的光伏应用产品,以化解市场危机,因为广袤的农村地区有着巨大的市场潜力。比如,如果新建一个万亩的光伏蔬菜温室,需要近 200 MW 的多晶硅片。经测算,如果在全国大面积、大范围地推广光伏农业产品,其市场产值可达千亿元规模,在五年内可达到万亿元规模,这几乎是一种裂变式的增长。

(三)世界光伏农业发展概况

1893 年,法国科学家贝克勒尔发现光照能使半导体材料的不同部位之间产生电位差,这种现象后来被称为“光生伏打效应”,即“光伏效应”。1954 年,美国科学家恰宾等在美国贝尔实验室首次制成了实用的单晶硅太阳能电池,诞生了将太阳光能转换为电能的实用光伏发电技术。

20 世纪 70 年代后期,随着现代工业产业的快速发展和传统能源的逐渐枯竭,全世界把目光投向了可再生能源,太阳能以其独有的优势而成为人们重视的焦点。大量的科研经费投入到光伏组件的研发中,自 80 年代后期,太阳能光伏电池的种类不断增多,为大规模应用打下良好基础。90 年代以来,世界主要经济强国纷纷出台发展规划,美国于 1997 年提出“百万屋顶”计划,日本于 1992 年就启动了新阳光计划,2003 年,日本光伏组件生产占世界的 50%。德国新的可再生能源法规定了光伏发电上网电价,大大推动了光伏发电市场和产业发展,使德国成为继日本之后世界光伏发电发展最快的国家。瑞士、法国、意大利、西班牙、芬兰等国,也纷纷制订光伏发电发展计划,并投巨资进行技术开发和加速工业化进程,光伏发电技术进入快速发展期。

光伏农业是在光伏发电技术的推广应用中应运而生的。

据检索，1975年世界上第一台光伏水泵面世，但因太阳能光伏电池价格昂贵，且技术上还不够成熟，只是作为一种尝试，在局部地区进行了试用。1981年，联合国开发署、世界银行等国际组织经过论证，确认光伏水泵的先进性、合理性和良好的发展前景，从而大大推动了光伏水泵的应用。但是，全世界仅有数万台光伏水泵在各地运行。近年来，随着太阳能光伏电池组件成本的降低，光伏发电技术在农业生产中应用才开始兴起。如日本学者尝试在管架大棚上组装薄膜电池组件(30块，约占温室顶部面积的12.9%)，并进行大葱生产试验。2010年，意大利企业在Venlo型温室的基础上，组合安装晶硅电池组件，其建设的温室可组装17 000块组件，发电规模达到4 MWp，目前该温室正试验用于盆花生产。可以看出，世界光伏农业技术起步虽早，但长期以来受到光伏电池组件高昂成本的制约，直至近年来才进入快速发展期。随着世界各国对现代农业及清洁能源产业的日趋重视，光伏农业产业发展机遇空前。

(四)中国光伏农业发展概况

1958年我国开始自行研发光伏电池，1971年光伏电池首次成功应用于我国发射的东方红二号卫星上，从而掀开了我国太阳能电池开始在空间应用的新篇章。从20世纪70年代至90年代末期，我国太阳能电池的年产量一直处于一个较低的水平，价格也很昂贵。自 1998 年以后，国家开始关注太阳能发电，在各种大力推动太阳能产业发展政策的刺激下，以各大光伏企业的成立为标志，我国光伏产业获得了迅猛发展，截至 2007 年，中国已成为生产太阳能电池最多的国家，产量从 2006 年的 400 MW 一跃达到 1 088 MW，并一直位居世界首位。2011 年全球光伏组件突破 50 吉瓦，与此同时全球光伏装机量却只有大约 25 吉瓦，产能严重过剩并引发了一系列的行业危机。库存增加、产品价格暴跌，再加上海外对我国光伏产业的“双反”调查，我国光伏产业骤然进入“寒冬”。为此，国内光伏厂家亟待开拓新的光伏市场渠道。

在光伏农业技术方面，在 1990 年，我国开展了光伏水泵的研究，先后试制成百瓦级和千瓦级光伏水泵，并建立了光伏水泵生产企业，能批量生产百瓦级光伏水泵。目前，中国研制的 2.5 kW 光伏水泵正在新疆运行，在西藏狮泉河、日土、改则、尼玛、扎囊等地建成的 6 座光伏水泵系统，总装机容量超过 2 kW，除解决草场灌溉外，还解决了本地区的人畜饮水问题，结束了依靠人力背水的历史，极大地解放了劳动力。自 2008 年以来，受国内“金太阳”等促进政策及光伏企业自身的产业化需求出发，我国光伏农业产业真正意义的进入快车道，仅光伏温室的探索性试点建设就超过 30 多处。我国光伏农业产业迎来了真正意义的发展热潮。

二、太阳能光伏发电系统

(一)太阳能光伏发电系统的工作原理

太阳能光伏发电系统是通过太阳电池将太阳辐射能转换为电能的系统。

1. 太阳能光伏发电系统的构成

一般来说，太阳能光伏发电系统由太阳电池组件、蓄电池、控制器、逆变器与交流负载构成，如图 2-1 所示。简化的系统，可省去蓄电池和控制器，直接将太阳能电池组产生的直流电通过逆变器转化为交流电送到交流负荷使用，如果用电负荷为直流负荷时，甚至还可以省去交流逆变器。

太阳电池组件是为太阳能发电系统提供电能的元件。它无须通过热过程，直接将太阳能转化为电能，输出直流电。

蓄电池是太阳能发电系统中的储能元件，白天太阳照射时将太阳电池组件输出的电能储存起来，到晚上或阴雨天需要用电时再将电能输出到负载。

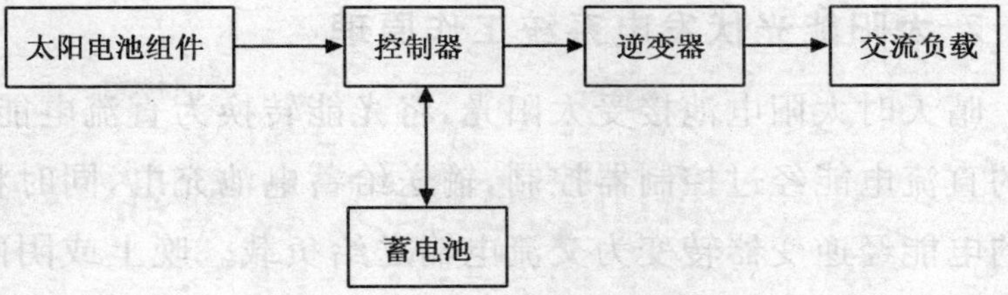

图 2-1 太阳能光伏发电系统

控制器是太阳能发电系统中最重要的设备。它对系统的电能进行调节和控制，一方面把调节后的能量送往直流负载；另一方面把多余的能量送往蓄电池储存。当所发电能不能满足负载需要时，控制器又把蓄电池的电能送往负载。蓄电池充满电后，控制器自动控制蓄电池不被过充电。当蓄电池所储存的电能快放完时，控制器自动控制蓄电池不被过放电，以保护蓄电池。控制器性能的好坏，对蓄电池的使用寿命影响很大，并最终影响系统的可靠性。

逆变器是太阳能发电系统中的电源转换装置。由于太阳电池发出的是直流电，而一般负载是交流负载，必须将直流电转换为交流电才能满足需要。逆变器将直流电转换成单相 220 V、50 Hz 或三相 380 V、50 Hz 交流电，供给就地交流用电设备或者经过升压变电站并到公共电网给其他用电用户供电。

交流负载是将交流电转化为其他形式能量的各种用电装置，如电灯、电视机、电冰箱、空调、风机、水泵、电机等。

2.太阳能光伏发电系统工作原理

晴天时太阳电池接受太阳光,将光能转换为直流电能,产生的直流电能经过控制器控制,输送给蓄电池充电,同时将多余的电能经逆变器转变为交流电输送给负载。晚上或阴雨天时蓄电池组放电,经过控制器控制将直流电能输送给逆变器,经逆变器转变为交流电输送给负载。

3.太阳能光伏发电系统的特点

(1)太阳能光伏发电系统的优点

①安全可靠,故障率低。与水电、火电、核电、风电等能源相比,太阳能光伏发电系统相对简单,无转动部件,所以运行可靠。

②使用寿命长。不带蓄电池的系统一次性投资,可保证20年供电。带蓄电池的系统只要5年左右需更换或维护蓄电池即可继续工作。

③管理维护简单。系统的设备仅需要很简单的维护,主要是太阳能电池受光面的定期清洁。

④部件积木化。光伏发电系统的部件已积木化,用户可根据自己的需要,调整发电系统的容量大小,安装时灵活方便。

⑤供电自主性。离网运行的光伏发电系统具有供电的自主性和灵活性,可减少公共电网故障给用户带来的不良影响及危害。

⑥高海拔性能。在高海拔处日照增强，光伏发电系统的功率输出也随之增加，因此使用光伏发电非常有利。相反，在高海拔处运行柴油发电机，其发电效率也降低。

(2)光伏发电系统的缺点

①初始投资大。目前，太阳能光伏发电系统单位发电量的投资比火电、水电、风电的初始投资都要大。

②发电不稳定。与火电、水电和核电比较，太阳能光伏发电系统受天气的影响比较大，发电量变化较大，不稳定。

(二)太阳能光伏发电系统的运行方式

太阳能光伏发电系统分为空间用系统和地面用系统。空间用系统是指安装在太空中的太阳能发电系统，主要运用于卫星、太空探测器等太空设备中的电源系统。地面用系统是指安装在地球表面的太阳能发电系统。农业生产中使用的光伏发电系统主要为地面系统，但随着我国太空探测的深入，在未来空间站进行农作物种植已经不是遥远的未来。这里主要介绍地面系统。地面系统按运行方式分为离网运行系统和并网运行系统两大类。

1.离网运行系统

离网运行系统是未与公共电网相连接的闭合光伏发电系统，主要应用于远离公共电网的无电地区，为公共电网难以覆盖的边远偏僻农村、牧区、海岛的农牧民提供照明、看电视等基本生活用电，为通信中继站、沿海与内河航标、输油输气管道阴极保护、气象台站、公路道班及边防哨所等特殊处所提供电源。近年来，随着植物工厂技术的不断成熟，用低功耗的LED灯作为光源在完全封闭环境中进行工厂化育苗、蔬菜（食用菌）栽培已经开始应用，在边防哨所、远洋轮船、国际海运等固定或运动的场所利用光伏发电进行植物生产是离网运行系统在光伏农业中应用的典型代表。

离网运行系统可分为集中式光伏发电系统（光伏电站）和户用光伏发电系统。

(1)集中式光伏发电系统

集中式光伏发电系统是指由专用场地、专用机房和专用围栏或围墙、专用的小规模电网等组成的交流光伏发电系统。机房内有专用的设备室和蓄电池室。专用场地用于安装太阳电池方阵，机房用于安装蓄电池、控制器、逆变器等电站设备，围栏或围墙用于保护电站。小规模电网用于将电力输送到用户。大规模光伏温室（温室群）是典型的集中式光伏发电系统在农业生产中应用的实例，温室的采光屋面就是专用的太阳电池板安装场所。

(2)户用光伏发电系统

对于居民分散居住的地区，每户安装一套独立的光伏发电系统，供用户单独使用，功率一般在300 W以下。根据负载的不同，户用系统有直流系统、交流系统和交直流混合系统。光伏水泵、太阳能杀虫灯等都是典型的用户光伏发电系统在农业生产中应用的实例。

2. 并网运行系统

并网运行系统是与公共电网相连接的光伏发电系统。并网运行系统一般发电功率较大，发电功率在兆瓦级以上，和水电站、火电站、风电站等一样而被称为光伏电站。

并网运行系统一般仅由太阳电池组件、同步逆变器和升压变电站组成。与离网运行系统相比，并网运行系统少了蓄电池和控制器，建设成本也要低一些。

光伏发电并网是光伏发电的发展方向，代表了 21 世纪最具吸引力的能源利用技术，是当今太阳能发电技术发展的主流趋势，特别是与建筑（包括办公和宿舍楼、温室、畜禽舍、冷库、菇房、仓库、车库等）相结合的并网屋顶光伏发电系统，是众多发达国家竞相发展的热点。

(三)太阳能光伏发电系统的部件

太阳能光伏发电系统主要由太阳电池组件、蓄电池、控制器、逆变器等部件构成。

1. 太阳电池组件

将若干单体太阳电池按性能分类进行串并联，经封装后组合成可以作为独立电源使用的最小单元称为太阳电池组件。

(1)太阳电池

①太阳电池的发电原理。太阳电池是太阳能光伏发电系统的核心元件,是由掺杂不同物质形成 p-n 结的半导体制成。当太阳电池在太阳光的照射下,光能使得太阳电池 p-n 结的 p 区带正电,n 区带负电,从而在 p-n 结两边产生光生电动势(由于光能产生的电压)的过程称为光伏效应。这就是太阳电池的发电原理。也就是说,太阳电池是把太阳能转变为电能的元件。太阳电池发电原理和结构如图 2-2 所示。

②太阳电池的种类。根据电池的材料不同,太阳电池分为硅太阳电池和其他太阳电池。

硅材料,按其结构分为单晶硅、多晶硅和非晶硅三种。当熔融的单质硅凝固时,硅原子以金刚石晶格排列成许多晶核,如果这些晶核长成晶面取向相同的晶粒,则形成单晶硅;如果这些晶核长成晶面取向不同的晶粒,则形成多晶硅。多晶硅可作为拉制单晶硅的原料。单晶硅可算得上是世界上最纯净的物质了,一般的半导体器件要求硅的纯度达到 6 个 9 以上,即 99.999 9%。大规模集成电路的要求更高,硅的纯度必须达到 9 个 9。非晶硅又称为无定形硅,从微观原子排列来看,是一种“长程无序”而“短程有序”的连续无规则的网状结构,是直接吸收光的半导体材料,光的吸收系数很高,仅几个微米就能完全吸收阳光。

硅太阳电池是目前应用最广泛的太阳电池,其中单晶硅

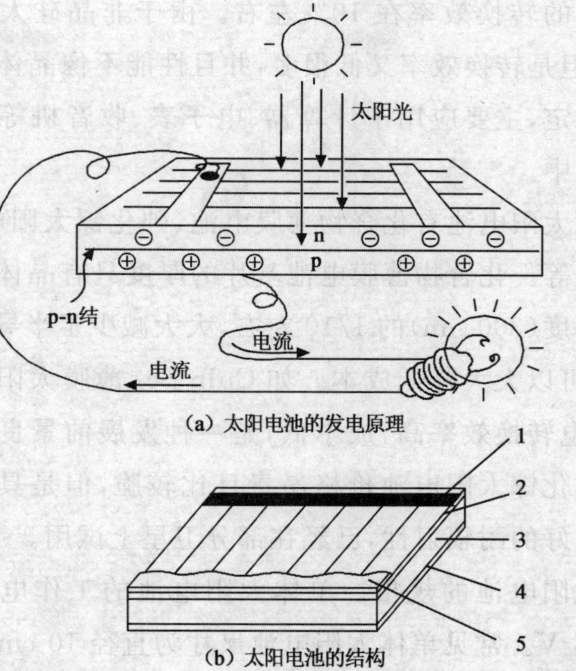

(a) 太阳电池的发电原理

(b) 太阳电池的结构

图 2-2　太阳电池发电原理和结构

1—栅线电极　2—扩散区　3—基区　4—底电极　5—减反射膜

和多晶硅太阳电池又称为晶体硅太阳电池，目前占据着世界大部分太阳电池市场。在单晶硅、多晶硅和非晶硅这三种硅太阳电池中，单晶硅太阳电池造价最高，多晶硅太阳电池造价次之，非晶硅太阳电池造价最低。太阳能的转换效率也是如此。一般来说，单晶硅太阳电池的转换效率在 18%～24%之间，多晶硅太阳电池的转换效率在 16%～20%之间，非晶硅太阳电池的转换效率在10%左右。由于非晶硅太阳电池造价便宜,但是转换效率又低很多,并且性能不像晶体硅太阳电池那样稳定,主要应用于计算器、电子表、收音机等弱光和微功率产品中。

其他太阳电池有化合物薄膜电池、砷化镓太阳电池、聚光太阳电池等。化合物薄膜电池基片的厚度只有晶体硅太阳电池基片厚度(300 μm)的1/10左右,大大减少了半导体材料用量,从而可以大大降低成本。如CuIn Se_2 薄膜太阳电池性能稳定,光电转换效率高,成本低,是一种发展前景良好的太阳电池。砷化镓太阳电池价格昂贵且比较脆,但是具有较高的效率和良好的耐辐射性,已经在部分卫星上试用。

③太阳电池的规格。单体太阳电池的工作电压为直流0.5～0.6 V。常见单体太阳电池尺寸为直径10 cm的圆片和边长为10 cm的正方片,峰值功率分别为1 W和1.4 W。较大的单体太阳电池尺寸为边长为15 cm的正方片,峰值功率约为3 W。

(2)太阳电池组件组成与性能

太阳电池组件实际使用时按照负载要求,将若干单体太阳电池按性能分类进行串并联,经封装后组合而成可以独立作为电源使用的最小单元。常见的太阳电池组件的连接方式如图2-3所示,其输出的峰值功率有8 W、10 W、20 W、36 W、40 W、50 W、75 W和160 W等。制作太阳电池组件时,要挑选电性能参数一致的单体太阳电池组合和封装，以保证太阳电池的组合损失最小。根据标称的工作电压确定单体太阳电池的串联数，根据标称的输出功率来确定太阳电池的并联数。

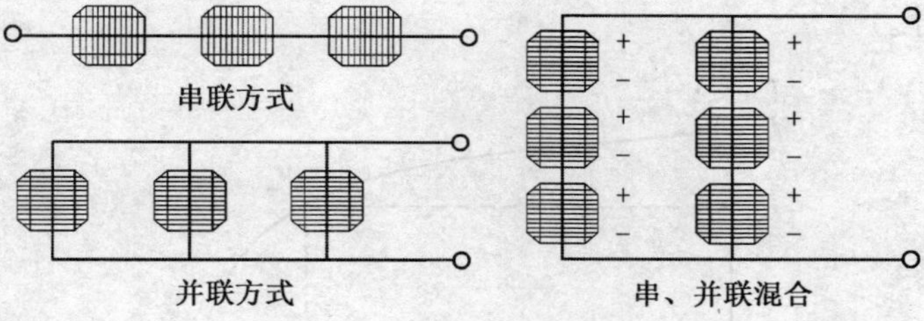

图 2-3　太阳电池连接方式

若需要大功率的光伏发电系统，则需要多个组件连接成方阵，以满足各种不同的用电需求。太阳电池的单体、组件和方阵如图 2-4 所示。

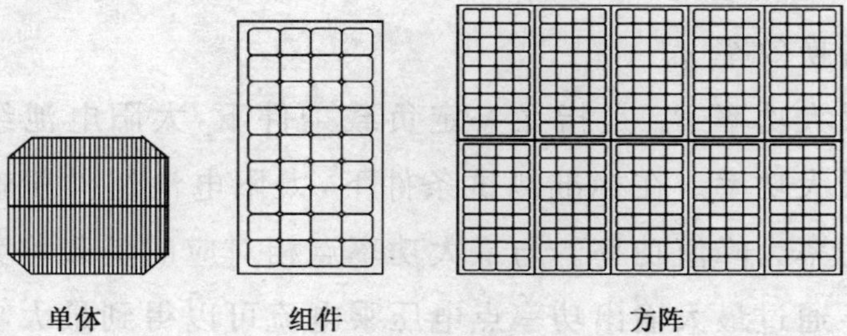

图 2-4　太阳电池的单体、组件和方阵

太阳能电池组件的性能主要指电流-电压特性。任何给定组件的输出性能可以用此特性曲线来描述，称为太阳电池组件的I-U曲线，如图2-5所示。准确的I-U曲线是在太阳光谱为（AM1.5—指太阳光入射光线与地面法线的夹角为48.2°，太阳辐照度1 000 W/m^2，温度25℃）的标准测试条件下测得。

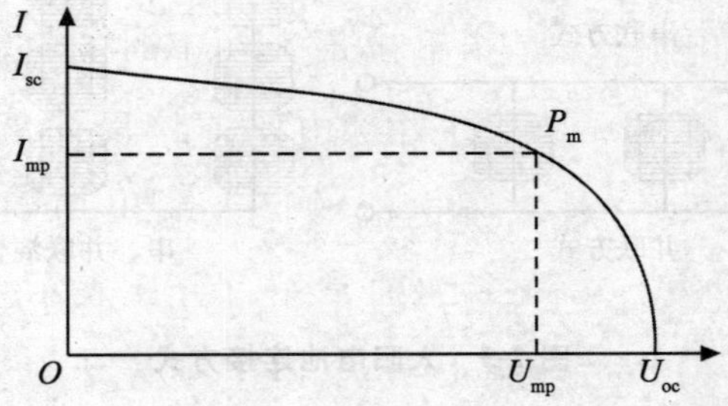

图2-5 太阳电池组件典型I-U曲线

描述太阳能电池组件的性能指标有最大功率 P_m、开路电压 U_{oc}、短路电流 I_{sc}、最大工作电压 U_{mp}、最大工作电流 I_{mp} 和光电转换效率 η。

最大功率 P_m 是指在一定负载条件下，太阳电池组件输出的最大功率。在标准测试条件下，太阳电池组件所输出的最大功率为峰值功率。与最大功率点相对应的负载称为最佳负载。通过最大输出功率点电压乘电流可以得到最大功率点的功率值。随着电压下降输出功率减少。超过最大功率点后，大多数组件随着电压的增加，输出电流或输出功率将减少。

开路电压 U_{oc} 是指太阳电池组件电路开路（即 $I=0$）时的

电压，是当无电流从组件汲取时可能达到的最大电压。

短路电流 I_{sc} 是指太阳电池组件电路短路（即 $U=0$）时的电流，是组件在回路阻抗等于零时能够输出的最大电流。

最大工作电压 U_{mp} 是指输出最大功率时的电压。

最大工作电流 I_{mp} 是指输出最大功率时的电流。

光电转换效率 η 是指在外部电路连接最佳负载电阻时的最大能量转换效率，是太阳电池的最大输出功率与照射到太阳电池上的太阳光功率之比，通常用百分比表示。

在太阳电池 I-U 曲线上有三个具有重要意义的点，即最大功率点 $P_m(U_{mp}, I_{mp})$、开路电压（U_{oc}）、短路电流（I_{sc}），通过这三个点基本就能确定太阳能电池组件的上述主要性能指标。

影响太阳电池组件发电功率的主要因素有负载阻抗、日照强度、温度、热斑效应。如果负载阻抗与组件的 I-U 曲线匹配得好，组件输出效率最高，否则组件运行效率均会降低。太阳电池组件的发电功率与日照强度成正比。太阳电池组件的发电功率与温度高低成反比，随着太阳电池组件的温度升高，其发电功率降低，大约温度每升高 1℃，其最大发电功率减少 0.4%。在太阳电池方阵中，当有阴影（如树叶、鸟类等）落在某单体电池或一组电池上，或某单体电池被损坏，而组件其余部分仍处于阳光之下时，阴影部分电池反而成为负载，消耗其他电池产生的功率并发热而形成“热斑效应”，进而引起整个组件和方阵失效。

为了防止热斑效应，通常给电池外接旁路二极管。这里以 3 并 2 串电池组为例，如图 2-6 所示，来说明旁路二极管消除热斑的作用原理。假如电池 A_1 被阴影遮住或开路，则 A_2、A_3 的电流仍能通过旁路二极管 D_1 流至外电路，这样避免了对 A_1 加反向偏压，从而制止了热斑效应。如果 A_1 正常工作，则只要二极管 D_1 在－0.5 V 下漏电量足够小并不影响电池组的输出。

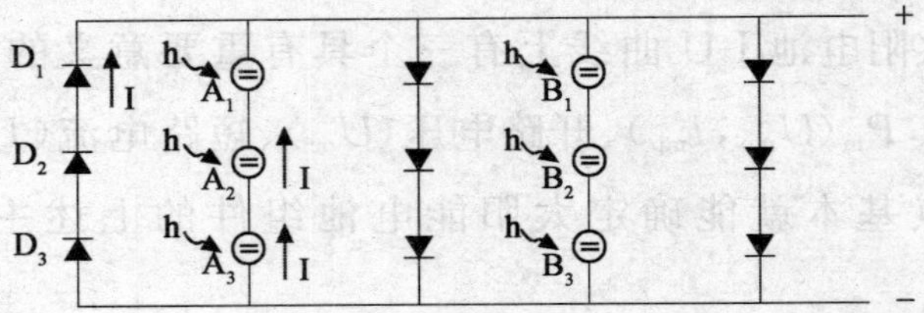

图 2-6　旁路二极管在电池组件中的作用原理

2. 蓄电池

(1) 蓄电池的分类

化学电池是将化学能转换为电能的装置，分为原电池和蓄电池两大类。原电池的活性物质只能利用一次，放完电后废弃，又称一次电池。蓄电池放电后可以用放电电流相反的电流进行充电，重新获得复原而再次使用，又称二次电池。目前常用的蓄电池有铅酸蓄电池、碱性蓄电池，碱性电池又可分为镍镉蓄电池、镍铁蓄电池、镍氢蓄电池等。铅酸蓄电池是目前应用最多的蓄电池，具有转换效率高、充放电循环次数多、端电压高、容量大等优点，而且具备防酸、隔爆、消氢、耐腐蚀等良好性能，广泛应用于汽车、电动车、军事、通信、电力、铁路等行业。近年来在太阳能发电领域应用的蓄电池主要也是铅酸蓄电池。下面主要介绍铅酸蓄电池。

(2)铅酸蓄电池的基本构造

铅酸蓄电池由正极板、负极板、隔板、壳体、电解液和接线桩头等组成，如图 2-7 所示，其中正极板的活性物质是二氧化铅（PbO_2），负极板的活性物质是灰色海绵状铅（Pb），电解液是稀硫酸（H_2SO_4）。

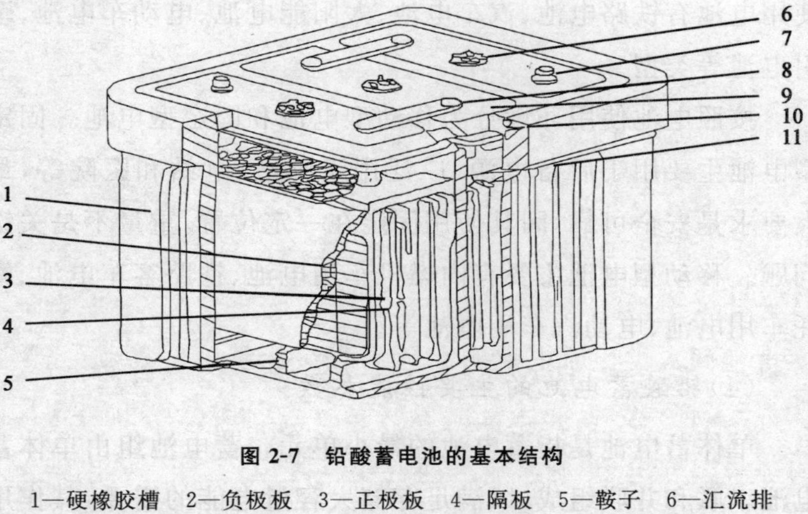

图 2-7　铅酸蓄电池的基本结构

1—硬橡胶槽　2—负极板　3—正极板　4—隔板　5—鞍子　6—汇流排
7—封口胶　8—电池槽盖　9—连接条　10—极柱　11—排气栓

(3)铅酸蓄电池的种类

按照电解液容量和电池槽结构分为传统开口式铅酸蓄电池和阀控式铅酸蓄电池。开口式铅酸蓄电池为开口半密封式结构，电解液处于富液状态，使用过程中需加水调节酸度。阀控式铅酸蓄电池为全密封式结构，电解液处于贫液状态，使用过程中不需加水或加酸调节维护。

按照电池用途分为循环使用电池和浮充使用电池。浮充使用电池是指当电池处于充满状态时，充电器不会停止充电，仍会提供恒定的浮充电压与很小浮充电流供给电池，因为一旦充电器停止充电，电池会自然地释放电能，所以利用浮充的方式，平衡这种自然放电。浮充电池主要是后备电池。循环使用电池有铁路电池、汽车电池、太阳能电池、电动车电池、牵引电池等类型。

按照电池使用环境分为移动型电池和固定型电池。固定型电池主要用于后备电源，广泛用于邮电、电站和医院等，最大要求是安全可靠，因其使用固定在一定位置，重量不是关键问题。移动型电池主要有内燃机车用电池、铁路客车电池、摩托车用电池、电动汽车用电池等。

(4)铅酸蓄电池的主要性能参数

单体蓄电池是指蓄电池的最小单元。蓄电池组由单体蓄电池串联和并联组成，以满足存储大容量电能的需要，其作用是存储太阳电池方阵发出的电能并随时向负载供电。单体铅酸蓄电池的电压为 2 V。例如电压为 12 V 的蓄电池由 6 个单体铅酸电池串联而成。

①蓄电池电压。单体铅酸蓄电池的标称电压是 2 V，充电结束时电压可达 2.7 V，然后缓慢降到 2.05 V 的稳定状态；放电时，电压缓慢下降，低至 1.7 V，便不能再继续放电，否则会损坏电池的极板。

②蓄电池容量。蓄电池的容量是出厂时规定的蓄电池在一定的放电电流和一定的电解液温度下，单体电池电压降到规定值时，所能提供的电量，一般用安时（A·h）或瓦时（W·h）表示。

③蓄电池使用寿命。在离网的光伏发电系统中，通常蓄电池是使用寿命最短的部件。对于铅酸蓄电池的使用寿命可分为充放电循环寿命、使用寿命和恒流过充电寿命三种评价方法。在可再生能源领域使用的蓄电池，主要关注前两种寿命。充放电循环寿命以充放电循环次数来衡量，而使用寿命则是以蓄电池的工作年限来衡量。根据有关规定，固定型（开口式）铅酸蓄电池的充放电循环寿命应不低于 1 000 次，使用寿命（浮充电）应不低于 10 年。

④蓄电池效率。蓄电池工作时有一定的能量消耗，通常用能量效率和充电效率来表示。能量效率是指蓄电池放电时输出的能量与充电时输入的能量之比。充电效率是指蓄电池放电时输出的电量与充电时输入的能量之比。在离网光伏发

电系统中，平均充电效率约为 80%～85%，在冬天可达到 90%～95%。

蓄电池是离网光伏发电系统的重要组成部分，同时也是整个系统中使用寿命最短的部件，因此需合理配备蓄电池的类型和规格型号，使其具有足够的容量，并进行精心安装和管理维护，才能保证离网光伏发电系统的长期稳定运行。

3. 控制器

光伏发电系统中的控制器是对光伏发电系统进行管理和控制的设备。在不同类型的光伏发电系统中，控制器的规格和性能也不尽相同，其功能多少及复杂程度差别很大，具体要根据系统的要求及重要程度来确定。

控制器主要由电子元器件、仪表、继电器、开关等组成。在离网光伏发电系统中，控制器的基本作用是为蓄电池提供最佳的充电电流和电压，快速、平稳、高效地为蓄电池充电，并在充电过程中减少损耗，尽量延长蓄电池的使用寿命，同时保护蓄电池，具有输入充满和容量不足时断开和恢复连接功能，以避免过充电和过放电现象发生。随着光伏发电系统的发展，控制器在控制原理和使用的元器件方面也有了很大发展和提高，先进系统的控制器已使用了微处理器，实现了软件编程和智能控制。

(1)控制器种类

按照电路方式的不同，太阳能控制器的充电控制可分为旁路控制器、串联控制器、脉宽调制控制器、多路控制器、两阶段双电压控制器、最大功率跟踪控制器、蓄电池放电全过程控制器和智能控制器。

①旁路控制器。利用并联在太阳电池方阵两端的机械或电子开关器件控制充电过程，如图 2-8 所示。当蓄电池充满时，通过旁路太阳电池方阵来防止过充电。旁路控制器的电路系统监控着蓄电池电压，当电压达到蓄电池过充电时，过充电流将被功率晶体管旁路到电阻器，将多余的额外功率转变为热。旁路控制器也可以与防反充二极管结合，二极管如同单向阀门，充电期间允许电流流入蓄电池，在夜间防止蓄电池电流流向方阵。旁路控制器设计简单，价格便宜，缺点是要求控制元件有较大的电流通断能力。旁路控制器主要用于小型光伏发电系统。

②串联控制器。利用串联在太阳电池方阵两端的机械或电子开关器件控制充电过程，如图 2-9 所示。当蓄电池电压达到充电终止点电压值时，串联控制器通过开关切断电流，防止蓄电池过充电。当蓄电池达到充电恢复点低端电压时，控制器将方阵和蓄电池接通，使充电过程近似恒压充电。串联控制器使用传感器来代替二极管通断电路，以防止夜间的“反向泄露”。串联控制器的优点是体积小，价格便宜，线路简单，较旁路控制器具有更大的负载操作能力。缺点是由于控制用功率晶体管存在着管压降，当充电电压较低

时会带来较大的能量损失。串联控制器适用于 1 kW 以下的光伏发电系统。

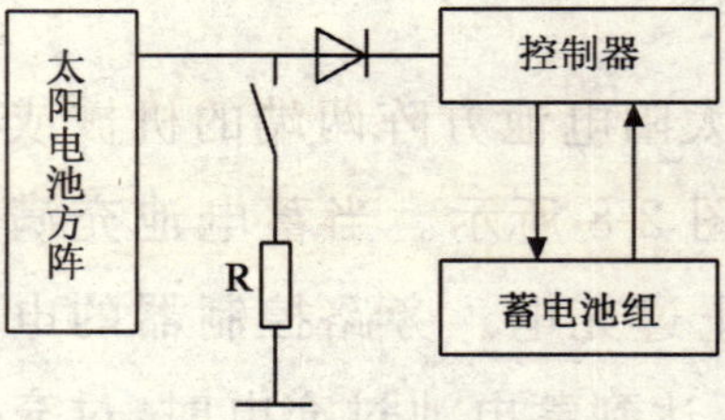

图 2-8　旁路控制器原理

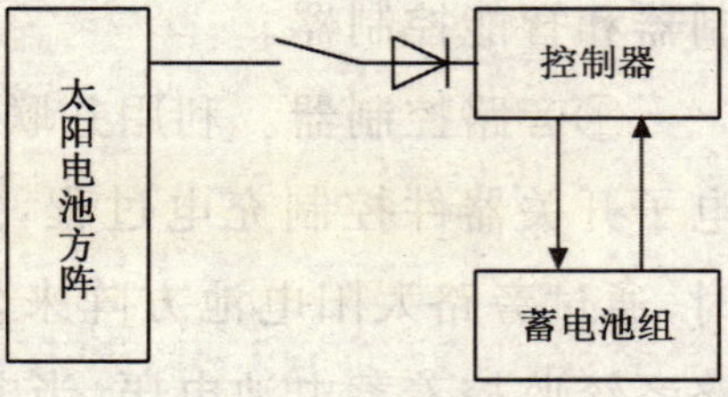

图 2-9　串联控制器原理

③脉宽调制型控制器。脉宽调制型控制器以 PMW(正弦波脉冲调宽)方式开关光伏方阵的输入。当蓄电池趋向充满时,脉冲的频率和时间缩短。按照美国桑地亚国家实验室的研究,这种充电过程平均充电电流的瞬时变化更符合蓄电池当前的荷电状态,能够增加光伏系统的充电效率(比简单断开式控制器的充电效率高 15%)并延长蓄电池的总循环寿命。脉冲调制控制电路的缺点是控制器自身将带来一定的损耗(4%～8%)。

④多路控制器。太阳电池方阵分成多个支路接入控制器,如图 2-10 所示。当蓄电池充满时,控制器将太阳电池方阵逐路断开;当蓄电池回落到一定值时,控制器再将太阳电池方阵逐路接通,实现对蓄电池组充电电压和电流的调节。这种控制方式属于增量控制法,可以近似达到脉宽调制型控制器的效果,路数越多,增幅越小,越接近线性调节。但是路数

越多，成本也越高，因此确定太阳电池方阵路数时，要综合考虑控制效果和控制器成本。多路控制器一般用于 5 kW 以上的大功率系统。

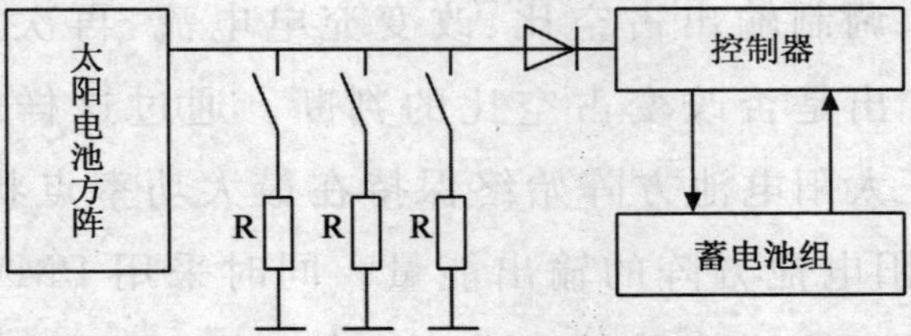

图 2-10　多路控制器原理

⑤两阶段双电压控制器。将蓄电池的充电过程分为均衡充电和浮充充电两个阶段。每天开始充电时，电压调节器的调节电压点，密封电池为 2.4 V/单体，开口电池为 2.5 V/单体。这一电压又称均衡充电电压。根据铅酸蓄电池的电化学工作原理，开始充电阶段，只有尽快达到这个电压值，蓄电池的电解液才能避免层化效应而以最高效率完成电化学反应，也就是充电效率最高。在这以后，充电电压必须立即下降，否则将造成电解液汽化。所以，系统在初充电达到均衡充电电压以后，立即自动改变充电的电压保护点，即由均衡充电电压保护点 2.4 V/单体改变为浮充电压保护点 2.35 V/单体(开口电池为 2.4 V/单体)。这样，蓄电池的整个充电过程便始终保持在最高效率状态，而且蓄电池的电解液也不会因过电压而造成汽化损失。

⑥最大功率跟踪型控制器。将太阳电池方阵的电压和电流检测后相乘得到的功率，控制器随时判断太阳电池方阵当前的输出功率是否达到最大，若不在最大功率点运行，则调整脉宽、调制输出占空比、改变充电电流，再次进行实时采样，并作出是否改变占空比的判断。通过这样的寻优过程，可保证太阳电池方阵始终保持在最大功率点状态，以充分利用太阳电池方阵的输出能量。同时采用 PMW 调制方式，使充电电流成为脉冲电流，以减少蓄电池的极化，提高充电效率。

⑦蓄电池发电全过程控制器。这种控制方式，根据蓄电池的剩余容量(SOC)对蓄电池的发电进行全过程控制，即除了设定蓄电池的过放电点(SOC＝0)外，再增加几个控制点(SOC＝70％和 SOC＝50％等)。每天系统放电之前，先检测出蓄电池当天的剩余容量，然后根据剩余容量设定当天的负荷功率或工作时间。此种方式可有效地避免蓄电池过放电，并避免由于蓄电池过放电造成的恶性停机。

⑧智能控制器。采用 CPU 的单片机(如 Intel 公司的 MCS51 系列)对光伏电源系统的运行参数进行切断/接通控制。智能控制器还可通过单片机的 RS232 接口配合 MODEM 调制解调器进行远距离通信和控制。

(2)控制器的选择、安装、使用和维护

①控制器的选择。选择控制器应主要注意下列指标。

a. 系统电压(即蓄电池电压)。控制器的系统电压与蓄电池的电位应一致。例如,12 V 控制器用于 12 V 系统,24 V 控制器用于 24 V 系统等。

b. 输入最大电流和输入路数。控制器的最大输入电流取决于太阳电池方阵的电流,通常短路电流作为方阵的最大电流值。为提高安全系数,在此短路电流基础上再加 25% 容量。小型控制器一般只有一路太阳电池方阵输入,大型控制器通常采用多路输入。

c. 输出最大电流。控制器的输出电流取决于输出负载的电流,通常是逆变器的电流。

d. 蓄电池过充电保护门限(蓄电池过充电时的最高电压值),蓄电池过放电保护门限(蓄电池过放电时的最低电压值)。

e. 辅助功能。包括其他保护功能,如通信、显示、数据采集和存储等。

②控制器的安装。光伏发电系统用控制器的安装很简单,只需将太阳电池方阵、蓄电池和输出负载(交流系统是接逆变器)接好即可。接线顺序一般为:蓄电池→太阳电池→负载。连接太阳电池方阵最好是在早晚太阳光较弱条件下进行,以避免拉弧。

③控制器的使用与维护。控制器是自动控制设备,安装好后即自动投入工作,不需人工操作。平常工作人员只需注

意观察蓄电池电压、充电电流、放电电流、蓄电池是否已经充满、蓄电池是否过充电等。

控制器的维护也很简单，只需定期检查接线、工作指示和控制门限即可。

4.逆变器

由于光伏发电系统发出的是直流电，如果要为交流负载供电，必须配备逆变器。逆变器是通过半导体功率开关的开通和关断作用，将直流电能转变成为交流电能供负载使用的一种转换装置，是整流器的逆向变换功能器件。目前，逆变技术多数采用金氧半场效晶体管（MOSFET）、绝缘栅双极型晶体管（IGBT）、栅关断晶闸管（GTO）、绝缘栅双极型晶体管（IGCT）、场控晶闸管（MCT）等多种先进且易于控制的功率器件，控制电路多采用单片机控制或数字信号处理器（DSP）控制。

(1)逆变器分类

逆变器及逆变技术可按输出波形、主电路拓扑结构、输出相数等方式来分类。具体分类如下。

①按输出交流电相数分类。按输出交流电相数分类，逆变器分为单相逆变器、三相逆变器和多相逆变器。

②按输出电压波形分类。按输出电压波形分类，逆变器分为方波逆变器、正弦波逆变器和阶梯波逆变器。

方波逆变器输出的交流电压波形为方波，其优点是线路简单，价格便宜，维护方便；缺点是含有高次谐波，在变压器等感性负载中会产生附加损耗，对通信设备有干扰。

正弦波逆变器综合技术性能好，效率高，失真度低，对通信设备没有干扰，噪声小；缺点是线路比较复杂，维护技术要求高，价格较贵。

阶梯波（或称改良方波）逆变器输出波形比方波有明显改善，高次谐波含量减少，性能、价格介于方波逆变器与正弦波逆变器之间。

③按输入直流电性质分类。按输入直流电性质分类，逆变器分为电压源型逆变器和电流源型逆变器。

④按主电路拓扑结构分类。按主电路拓扑结构分类，逆变器分为推挽逆变器、半桥逆变器和全桥逆变器。

⑤按功率流向分类。按功率流向分类，逆变器分为单向逆变器和双向逆变器。

⑥按负载是否有源分类。按负载是否有源分类，逆变器分为无源逆变器和有源逆变器。

⑦按输出交流电频率分类。按输出交流电频率分类，逆变器分为低频逆变器（低于 50 Hz）、工频逆变器（50 Hz）、中频逆变器（50～1 000 Hz）和高频逆变器（1 000 Hz 以上）。

⑧按是否并网运行分类。按是否并网运行分类，逆变器分为离网逆变器和并网逆变器。

(2)逆变器性能技术参数

在光伏发电系统中，逆变器常用的有如下技术参数。

①额定输出电压。额定输出电压分为单相220 V、三相380 V。在稳定运行时，一般要求电压波动偏差不超过额定值的3%～5%。在负载突变时，电压偏差不超过额定值的8%～10%。

②输出电压不平衡度。在正常工作时，逆变器输出的三相不平衡程度不应超过5%～8%。

③输出电压波形失真度。当输出为正弦波时，一般要求输出的电压波形失真度不超过5%。

④额定输出频率。逆变器输出频率应相对稳定，如工频50 Hz，正常工作时应不超过1%。

⑤负载功率因数。负载功率因数表征了逆变器带动电感性负载的能力，在正弦波条件下，负载功率因数应为0.7～0.9。

⑥额定输出容量。额定输出容量是指当输出功率因数为1(即纯电阻性负载)时，额定输出电压和额定输出电流的乘积。

⑦额定输出效率。额定输出效率是指在规定工作条件下，输出功率与输入功率之比，通常应在70%以上。逆变器的效率会随着负载率而改变，往往在负载率低于20%和高于80%时，效率要低一些。为了提高能源的利用率，逆变器的效

率应达到一定的要求。标准规定了逆变器的输出功率在不低于额定功率的 75%时，效率应不低于 80%。

⑧带载能力。要求逆变器在特定的输出功率条件下能持续工作一定的时间。带载能力的标准规定如下：

a. 输入电压与输出功率为额定值时，逆变器应连续可靠工作 4 小时以上。

b. 输入电压与输出功率为额定值的 125%时，逆变器应连续可靠工作 1 min 以上。

c. 输入电压与输出功率为额定值的 150%时，逆变器应连续可靠工作 10 s 以上。

(3)并网逆变器

并网逆变器是光伏并网发电系统的关键设备，其功能是将太阳能光伏发电系统发出的直流电能转化为与电网同频率、同相位正弦波电流馈入电网。并网逆变器自动检测交流电网是否满足并网条件的同时也检测太阳能电池方阵是否有足够能量并网。当一切条件满足后进入并网发电模式。当出现异常情况，立即进入保护模式。若太阳能量较弱时，发电量与机内损耗接近时逆变器进入待机模式，几分钟后再次尝试并网发电；当太阳光很弱或在夜晚时，如果太阳电池方阵没有足够的能量发电并且机内损耗较大时，逆变器与电网断开，自动关机。

(四)太阳能光伏发电系统设计

光伏发电系统的优化设计要使光伏发电系统的配置能够恰到好处,做到既能保证光伏发电系统的长期可靠运行,充分满足负载的用电要求,同时又能使配备的太阳电池方阵和蓄电池的容量最小,节省投资,获得最佳的经济效益。

光伏发电系统的设计原则是在充分满足用户负载用电需求的前提下,尽量减少太阳电池方阵和蓄电池的容量,以达到可靠性和经济性的最佳结合。

光伏发电系统的设计主要包括系统容量设计、系统机械结构设计、电气设计、设备配置与选型和热环境设计等。这里只介绍其中最重要的是系统容量设计。

1.最佳太阳能量的获得

要获得最大的太阳辐射能量,需要确定太阳电池方阵的安装方位角和安装倾角。

太阳电池方阵的安装方位角对方阵接受太阳辐射能很重要。最好的方式是跟踪太阳,使方阵表面始终与太阳光垂直。对于固定式安装方阵,位于北半球的中国,方位角一般按0°设置,即正南方向布置,但在偏东或偏西20°范围之内,方阵的输出功率不会降低太多。为有利于冬季使用,可在偏西20°以内设置。

为了使太阳光垂直照射在太阳电池方阵上,方阵应倾斜安装。太阳电池方阵与水平面的夹角称为倾角，以度计量。对于非跟踪的固定方阵而言，对太阳电池方阵倾角进行优化计算，用最佳倾角安装，可提高接受太阳辐射能量和改善各月辐射的均匀性，最充分地利用太阳辐射能。

2. 负载用电量测算

（1）计算用电设备的总功率

$$P_L = P_1 + P_2 + P_3 + \cdots + P_n$$

式中：P_L—用电设备总功率，W；

$P_1, P_2, P_3, \cdots, P_n$—系统中各用电设备的功率，W。

（2）计算每个设备的用电量

$$Q_i = P_i \times t_i$$

式中：Q_i—系统中每台用电设备的用电量，W·h；

P_i—系统中每台用电设备的功率，W；

t_i—系统中每台用电设备的用电时间，h。

（3）计算所有设备的用电量

$$Q = Q_1 + Q_2 + Q_3 + \cdots + Q_n$$

式中：Q—所有设备的用电量，W·h；

$Q_1, Q_2, Q_3, \cdots, Q_n$—系统中各用电设备的用电量，W·h。

3. 蓄电池容量的确定

一般情况下，可采用下列简化公式计算：

$$C=3DQ$$

式中：C—蓄电池容量，W·h；

D—最长无日照用电天数，天。

然后根据负载功率确定系统的直流电压（即蓄电池电压），直流电压最好不超过 300 V，以便于选择元器件和充电电源。

4.太阳电池方阵功率的确定

(1)计算平均每日峰值日照时数

$$T_m=(K_{op}\times G)/(3.6\times 365)$$

式中：T_m—平均每日峰值日照时数，h；

K_{op}—斜面修正系数；

G—年均太阳总辐射量，MJ/m²，按照当地气象部门提供的数据计算；

3.6—单位换算系数，1 kW·h=3.6 MJ。

(2)计算太阳电池的峰值功率

$$P_m=1.5Q/T_m$$

式中：P_m—组件峰值功率，W。

(3)计算太阳电池组件的串联数

$$N_s=U_s/12$$

式中：N_s—太阳电池组件串联数；

U_s—系统直流电压（蓄电池电压）。

（4）计算太阳电池组件的并联数

$$N_p = P/(N_s \times P_m)$$

式中：N_p—太阳电池组件并联数；

P—太阳电池方阵输出功率，W。

5. 逆变器确定

$$P_n = P_r \times (1.2 \sim 1.5) + P_l \times (5 \sim 7)$$

式中：P_n—逆变器的功率，W；

P_r—阻性负载功率，W；

P_l—感性负载功率，W。

6. 控制器确定

（1）计算控制器所能控制的方阵最大电流

$$I_{Fsc} = 1.25N \times I_{sc}$$

式中：I_{Fsc}—控制器所能控制的方阵最大电流，A；

N—方阵的并联太阳电池组件数；

I_{sc}—组件短路电流，A。

（2）计算控制器的最大负载电流

$$I = 1.25P_L/(KV)$$

式中：I—控制器的最大负载电流，A；

P_L—用电设备总功率，W；

K—同时系数；

V—系统直流电压，V。

(五)太阳能光伏发电系统的安装、维护与管理

1. 太阳能光伏发电系统的安装

太阳能光伏发电系统是一种涉及众多专业领域的现代电源系统，要建造一套合理可靠而又经济实用的光伏发电系统，除了进行优化设计，使用高质量部件和器材外，精心安装也是十分重要的环节。太阳能光伏发电系统安装应由专业技术队伍或经过技术培训合格的人员操作，并在工程技术人员的指导下进行。

(1)太阳能电池方阵的安装

①安装前的准备工作。

a. 场地选择。选择场地的基本要求主要有：站区土地面积能满足电站所有建设项目的需要（4 kW 光伏电站占地约 200～300 m^2）；站区地形尽可能平坦；站点应选择在地质结构及水文条件好的地段，尽可能远离有断层、滑坡、泥石流、流沙层、易被水淹没的地段；不占或少占良田、耕地，尽可能利用空地、荒地、劣地；站点应尽可能处于供电中心；尽可能选择便于设备运输的地段；若电站地处山区，尽可能找开阔地带，避免东面和南面高山对太阳遮挡，使站区有较长的日照时间。

b. 制订施工方案，准备设计施工图等文件资料。

c. 进行场地平整，浇注基座和预埋件。应对地基承载力、基座强度和稳定性进行验算。

d. 在光伏发电系统施工过程中，不应破坏建筑物的结构和附属设施，不得影响建筑物在设计使用年限内承受各种荷载的能力。

e. 根据太阳能电池方阵的数量、安装尺寸和优化设计得出的方阵倾角，加工方阵支架和框架，其尺寸和材料应符合设计要求。

f. 太阳能电池组件和框架、支架以及固定用的螺栓、连接电缆及套管、配线盒等配件都要在安装前全部运到现场，并检验其质量符合产品标准或设计要求。

g. 安装时所需的工具准备和备件必须准备齐全，特别是现场在偏远地区时，如考虑不周，往往缺少一件工具或一个螺栓都会造成很大麻烦，甚至影响整个工程进度。

②现场安装。地面方阵安装大致步骤如下：

a. 检查核实所有的基础及基座都已按照设计要求设置到位，间隔距离正确。

b. 从运输包装盒中取出组件，并进行检查。在阳光下测量每个组件的开路电压(U_{oc})、短路电流(I_{sc})等技术参数是否正常。

c. 根据结构设计图纸要求，用不锈钢螺栓、弹簧垫圈和螺母将安装支架和所有组件组装完毕。

d. 按照组件串并联的电路设计要求，用导线将组件的正、负极进行连接，要特别注意极性不要接错。方阵输出的正、负极及接线应用不同颜色的导线电缆连接，以免混淆极性，造成事故。

e. 将带组件的安装支架用不锈钢螺栓、弹簧垫圈和螺母固定在基础底座上，需要时可进行焊接固定，但要注意避免组件受力产生扭曲。

f. 检查倾角是否正确后，将四个底座与安装支架固定，务必牢固可靠，外观整齐。

g. 如有多个子方阵，接线可通过分线盒或汇流箱集中后输出。

h. 在山顶或雷击多发地区或重要的光伏发电系统都应安装避雷装置，并使太阳电池方阵处于避雷针保护范围内。

i. 对于安装在屋顶的光伏方阵，还应注意以下事项：屋面上安装的建材一体化的太阳电池组件，相互间的上、下、左、右防雨连接结构必须严格施工，严禁漏水、漏雨，外表必须整齐美观；太阳电池方阵背面的通风层不得被杂物填塞，应保持通风良好；钢结构支架与框架应与建筑物接地系统可靠连接；在建筑物上安装光伏发电系统不应降低建筑物的防雷等级；事先应对建筑物屋面结构的承载能力进行验算，避免建筑物设计荷载过载。

(2)控制器和逆变器的安装

①安装位置。通常,控制器和逆变器安装在室内,事先要建好配电间。安装存放处应避开高腐蚀性、高粉尘、高温、高湿环境,特别应避免金属物落入其中。配电间的位置要尽量接近太阳电池方阵和用户,以减少损耗。

对于中小型控制器和逆变器,可以根据要求,固定在墙壁或摆放在工作台上,大型控制器和逆变器一般直接安放在地面上,与墙壁之间有一定距离,以方便接线和检修,同时也便于通风。注意阳光不要直接照射在控制器和逆变器上。若控制器和逆变器安装在室外,控制器和逆变器必须具有密封防潮等功能。

②连接导线。选用合适的绝缘电线及电缆,应根据通过电流大小,依照国家相关规范,选择合适直径的导线。

控制器和逆变器在开箱时,要先检查有无质保卡、出厂检验合格证书和产品说明书,外观有否损坏,内部连线和螺丝是否松动等,如有问题,应及时与生产厂家联系解决。

(3)蓄电池组的安装

通常使用的铅酸蓄电池是以硫酸作为电解液,如果运输、安装或维护不当,蓄电池具有潜在危险,从事蓄电池工作的任何人必须熟悉安全程序。

①安全注意事项。在蓄电池旁边工作之前,应除去身上的金属饰物。头戴金属硬帽,穿着防护服装(包括防酸手套、

围裙和保护目镜)。不能站在蓄电池上工作。蓄电池旁边应有流动的清洁水源,以便万一在皮肤或眼睛溅到酸液时,进行及时冲洗。

②蓄电池室设置。蓄电池室应尽量选择在离开太阳电池方阵较近的场所。对于中、大型光伏发电系统,蓄电池室必须与放置控制器和逆变器等电气设备的配电间隔开。

蓄电池室要求干燥、清洁,通风良好,不受阳光直接照射,距离热源不得小于 2 m。室内温度应尽量保持在 10～25℃。

蓄电池与地面之间采取绝缘措施,一般可垫木板或其他绝缘物,以避免蓄电池与地面短路而放电。如果蓄电池数量比较多,可以安放在专门的蓄电池格架上。

蓄电池不得倒置,不得受到任何机械冲击和重压。安放的位置应方便接线和维修。

③连接线路。确认蓄电池已经充满,电解液处于正常液面,测量每个电池的电压正常后,才能连接线路。

按设计要求将蓄电池进行串并联,注意正、负极不能接错。

在蓄电池极柱连线时必须特别注意防止短路。若有金属工具或物体掉落在蓄电池极柱之间,会形成放电,产生很大的电流和火花,可能损坏设备或造成人身事故。

多只蓄电池串联时,为了避免误触电和意外短路,一般在串联回路中留出一只与控制器连接的接线头先不接,待其他接线全部连接完毕，测量电压正常后再与控制器连接。

蓄电池极柱与接线夹头之间必须紧密接触，否则由于接触不良会增加电阻，甚至造成短路，也可以在各个连接点涂一层凡士林油膜，以防止锈蚀。

2. 太阳能光伏发电系统的使用

初期投资大与度电成本高是目前太阳能光伏发电系统存在的主要问题。合理使用太阳能光伏发电系统，对提高效能，降低度电成本和延长运行寿命，有着不可低估的作用。使用中应重点注意以下几点。

(1)合理控制负荷

①使用高效率电器。

②尽量少用电加热设备，如电热水器、电暖器、电饭煲等。

③禁止使用冲击钻、电焊机。

④不要同时启动冲击电流大的设备（如电冰箱、洗衣机、电风扇、水泵等）。

⑤要彻底关掉有待机功能的电器（如电脑、电视机等）。

⑥户用系统不用电时，应关闭逆变器。

(2)节约用电

阴雨天宜尽量减少用电量。非必要的电气设备，避开阴雨天使用。

3.太阳能光伏发电系统的日常维护

(1)光伏发电系统的常见故障

①太阳电池方阵。太阳电池方阵的常见故障有外电路断路,内部断路,旁路二极管接反,旁路二极管短路,热斑效应,接线盒脱落,导线老化,导线短路、断路,背膜开裂,电池玻璃破碎,电池片或电极发黄,电池栅线断裂,太阳电池被遮挡,太阳电池安装方位错误等。

②蓄电池。蓄电池的常见故障有如下几种:

a.电池组间不平衡。

b.阀控密封电池:外壳开裂,极柱断裂,螺丝断裂,失水,漏液,胀气,不可逆硫酸盐化(不能充放电),电池内部短路,气阀质量不好,自放电率高。

c.固定式电池:外壳开裂,失水率高,结冰冻裂,不可逆硫酸盐化(不能充放电),电池内部短路,活性物质脱落。

③控制器。控制器的常见故障有运输损坏,高压损坏(太阳电池开路电压),蓄电池极性反接损坏,电源失效,雷击损坏,工作点设置不对或漂移,断路器或继电器触点拉弧,无触点开关的晶体管损坏,霍尔传感器损坏,温度补偿失控。

④逆变器。逆变器的常见故障有运输损坏,极性反接损坏,内部电源失效,雷击损坏,功率晶体管损坏,输入电压不正常,输出保险损坏,输入输出接头发热。

(2)光伏发电系统的常见故障判断

①太阳电池方阵。控制器的太阳电池方阵电流表指示不正常表示方阵有故障;控制器某一太阳电池子方阵指示灯不亮表示该子方阵有故障。

②蓄电池组。

a. 控制器的蓄电池电压表指示不正常表示蓄电池组有故障。

b. 用钳形表测量各组蓄电池的充电电流,如果电流值相差 3 倍以上,说明电流小的电池组有落后单体蓄电池。

c. 充电不足,可能是阴雨天过长、太阳电池方阵故障、控制器故障、线路故障等。

③线路。

a. 控制器的太阳电池方阵电流表指示为零表示方阵线路有故障。

b. 控制器的蓄电池电压表指示为零表示蓄电池线路有故障。

c. 逆变器的直流输入电压表指示为零表示控制器过放电或控制器输出端到逆变器输入端的线路断路。

d. 配电柜的输出断路器自动跳闸表示外部供电线路过载或短路。

e. 某一接线端子发热表示该端子接触不良。

(3)光伏发电系统的常见故障排除

排除时必须使系统断电。先断开太阳电池方阵,再切断负载,最后断开蓄电池,严禁在太阳电池方阵未切断前断开蓄电池,否则将引起系统设备的损坏。

①太阳电池方阵。检查太阳电池组件的封装、边框、电池单体有无损坏,有损坏的更换。

②蓄电池组。

a.检查每只蓄电池的液面高度是否在上下限之间,特别检查有无液面过低使极板暴露在空气中,液面低时及时添加。检查蓄电池外壳有无变形,有无漏液,有变形或漏液的应更换。

b.用蓄电池保有容量检测仪检测蓄电池,拆除或更换落后单体蓄电池。

c.充电不足,阴雨天过长,应补充电。

③逆变器。无输出时,应检查输入端有无电压,无电压应检查控制器输出是否有电压,有电压应检查逆变器或逆变器输出端是否由于线路故障引起短路。

④线路。线路故障分为太阳电池方阵线路故障、蓄电池线路故障、逆变器的直流输入电压指示为零和外部供电线路过载或短路故障。分别检查各部分的接线盒、接线端子与导线是否连接牢固,导线是否有损坏,是否有短路、断路等,然后排除故障。

(4)光伏发电系统的日常维护

①准备工作。

a. 工具:电烙铁、扳手、螺丝刀、钢丝钳、尖嘴钳、断线钳、剥线钳、纸和笔。

b. 仪表:万用表、液体密度计、温度计。

c. 材料:导线、熔断器、碳酸氢钠、蒸馏水、凡士林。

d. 安全用品:安全护目镜、橡皮手套、橡胶围裙、急救用具。

e. 技术资料:产品说明书和维修手册。

②太阳电池方阵。

a. 保持方阵采光面的清洁。采光面至少每月清扫一次。

b. 防止小孩和牲畜进入方阵场地,防止他人将石块等硬物投掷于方阵上。

c. 经常检查新生长的植物是否遮挡了阳光,遮挡的应及时清除。

d. 每季度检查一次各太阳电池组件的封装及接线、接头和接线盒是否正常。

e. 每年检查一次方阵金属支架有无腐蚀,并根据当地条件定期进行表面防腐。

③蓄电池组。蓄电池的维护是光伏发电系统维护工作的重中之重。镉镍电池和密封铅酸电池需要的维护工作很少。主要是检查接线端子连接、保护性外套、通风孔和引线等,每

半年检查一次。开口式铅酸电池的维护工作较多，详细阅读蓄电池的使用说明，并按照说明书的要求进行日常维护。

④控制器。

a. 定期检查控制器的输出、输入接线及端子是否牢固，仪表显示是否异常。

b. 定期检查直流输入和输出端子是否有过热后留下的痕迹。如有痕迹，说明输入和输出电流有过载可能或接触不良。应查明原因进行处理，不能处理时通知厂家维修。

c. 一旦警告停机，不准马上开机。查明原因后再行开机。

d. 如出现故障不能正常工作时，应对照说明书进行处理。如不能解决应做好故障记录，并及时通知厂家给予解决。

⑤逆变器。

a. 定期检查逆变器的输出、输入接线及端子是否牢固，仪表显示是否异常。

b. 定期检查直流输入和输出端子是否有过热后留下的痕迹。如有痕迹，说明输入和输出电流有过载可能或接触不良。应查明原因进行处理，不能处理时通知厂家维修。

c. 定期清洁冷风扇并检查是否正常。

d. 如出现故障不能正常工作时，应对照说明书进行处理。如不能解决应做好故障记录，并及时通知厂家给予解决。

⑥交流配电柜。

a. 定期清洁柜内灰尘，检查输出、输入接线及端子是否牢固。

b. 隔离开关、断路器出头有无过热氧化或变色痕迹，如无法修复应更换开关。

c. 定期检查防雷模块，发现异常应及时更换。

4. 太阳能光伏发电系统的管理

太阳能光伏发电系统的科学管理关系到系统建成后能否按照设计年限长期可靠运行，能否维持系统正常维护的开支、能否在预计的投资范围内进行设备更新，关系到系统的投资效益和运行成本。

(1)配置专职管理人员

光伏电站视容量大小配置专职系统管理员。电站管理人员要具有一定的电工知识，了解系统各部分设备的性能，并经过专门的技能培训，经过考试合格后方可上岗操作。

(2)建立管理制度

由业主公司制订光伏电站管理制度，明确各级机构的管理制度，落实到人。规定用户具有保护系统财产安全、正确使用和维护系统的责任。规定用户在规定范围内安全用电、缴纳电费的职责。规定违反制度的惩罚制度，规定系统管理员按岗位职责管理好系统。

三、光伏温室技术

(一)光伏温室出现的背景

近年来,在需求拉动、投资推动、政策带动的影响下,我国温室园艺产业发展迅速,园艺设施规模已位居世界首位。据农业部种植业司的统计,截至 2008 年底,我国园艺设施总面积已突破 334 万 hm^2(含小拱棚),其中连栋温室 0.99 万 hm^2,塑料大棚 141 万 hm^2,日光温室 70 万 hm^2。温室园艺的跨越式发展,对我国蔬菜等园艺产品的均衡稳定供给、农民的持续增收、农业现代化水平的持续提升等方面,做出了巨大贡献。

在迅猛发展的背后,由于园艺设施需要给作物提供适宜稳定的温度、光照、湿度等环境条件,必须配套相应环境调控装备,这些装备都是耗能设备,因此,温室园艺生产过程的耗能也相当巨大。据统计,全世界每年农业生产能耗量的 35%用于温室加温,能耗成本约占温室生产总费用的 15%～40%。在我国北方地区,每亩(1 亩=667 m^2)连栋温室每年仅采暖耗煤量高达100～200 t;南方地区每亩温室夏季降温耗电量高达20 000 kW·h。在化石能源濒临枯竭、节能减排压力日益加大的形势下,温室生产对化石能源的依赖正面临着严峻的考验,严重制约着产业发展的可持续性。因此,发展"低碳、节能"温室园艺,增加新能源、可再生能源在温室中的应用已成为当前温室园艺领域的热点。

太阳能光伏发电是一种新兴可再生能源利用技术。单纯的太阳能光伏发电由于需要占用大量的土地资源,在我国耕地资源非常紧缺的情况下,为避免占用耕地,太阳能光伏发电只能布局在戈壁、沙漠等非耕地上,但这些地区又往往是人烟稀少、经济欠发达、生产条件差的地区,远离电力负荷中心,不论生产还是应用都受到很大影响。

利用温室建筑安装太阳能光伏板,将温室生产与光伏发电系统有机结合的光伏温室技术,可实现太阳能发电与温室生产的一体化,太阳能发电直接供给温室使用,既有效利用了土地资源,又节省了电力传输中的能源和资材消耗,而且解决了太阳能利用的时空转移,可获得温室夜间或阴雨天的能量补充,该技术已引起业内越来越多的关注。

(二)光伏温室的概念及发展现状

1.光伏温室的概念

光伏温室是采用光伏电池组件作为温室采光面覆盖材

料，部分或全部替代传统的玻璃、农膜、聚碳酸酯板等透光覆盖材料，所产电能供温室生产使用，减少生产能耗，实现太阳能发电与温室生产一体化的新型温室类型。因此，诸如将光伏组件单独置于温室之间空地、日光温室后屋面等的设施类型，并不属于光伏温室的范畴。目前，大规模光伏温室的发电也已能够直接并网，并从并网中获得清洁能源的国家政策补贴，温室生产用电再从电网获得低价农用电，两者之间的差价也成为了光伏温室用户新的利润增长空间。

2. 光伏温室的类型

(1)按照光伏电池组件划分

根据硅材料的晶体结构分类，光伏电池组件可分为晶体硅电池(包括多晶硅、单晶硅)和非晶硅薄膜电池。从透光的角度分析，晶体硅电池没有透光性，如图 3-1 所示，而非晶硅

图 3-1　晶硅电池组件

薄膜电池则会有10％～40％不等的透光率，如图3-2所示。目前为了适应光伏温室作物生产对光照的要求，光伏组件生产厂家生产出来一种带有透光玻璃间隔的晶硅光伏组件，但从发电组件的性质上仍归入晶体硅电池组件范畴，如图3-3所示。

图3-2 非晶硅薄膜电池板

图3-3 带有透光玻璃间隔的晶体硅光伏组件

因此，光伏温室按照其运用的光伏电池组件的不同，对应也划分为使用晶硅电池组件的光伏温室和使用非晶硅薄膜电池组件的光伏温室两种类型。

(2)按照载体温室划分

载体温室是指光伏温室中支撑光伏电池组件安装的温室设施。按照设施类型的不同，也可分为基于载体温室为连栋温室的光伏温室、基于载体温室为单栋温室的光伏温室。其中的单栋温室包括日光温室、塑料大棚以及不对称屋面温室等。

3. 光伏温室的发展现状

(1)国外光伏温室发展状况

由于节能减排的压力及园艺设施产业的需求，国外光伏温室主要集中在欧洲和日本。其中欧洲的光伏温室主要采用晶硅电池组件，“载体温室”多选择欧洲主流的连栋玻璃温室如图 3-4 所示。而日本的光伏温室则主要研究运用非晶硅薄膜电池组件，“载体温室”多选择使用面积最大的单栋管架塑料大棚，如图 3-5 所示。

虽然国外在光伏发电温室研究方面取得了一定成果，但目前仍然处于研发阶段，光伏发电温室多用于试验和示范，面积普遍较小。

(2)国内光伏温室发展现状

受国家设施园艺和“金太阳工程”等促进政策及电力企业

图 3-4　西班牙基于 Venlo 型温室的光伏温室

图 3-5　日本基于管架大棚的光伏温室

的农业产业化需求的驱动，自 2010 年以来我国山东寿光、河北承德、江苏（南京、常州和泰州）、江西上饶和鹰潭、湖北武汉、青海乐都、宁夏中卫以及海南三亚等地已开展了光伏温室的探索性建设运行(表 3-1),其中部分建成的光伏温室已实现了与当地电网的并网发电。

表 3-1　我国光伏温室应用情况

建设地点	建设规模	建设企业	投资规模	投资构成	运行状态
山东寿光	667 m^2,17 kW	山东潍坊华天新能源集团公司	40 万元	政府	建成,能发电,
山东寿光	6.67 hm^2,700 kW	山东潍坊华天新能源集团公司	不详	政府	建成,能发电,
山东即墨	10 MW	青岛华盛绿能农业科技有限公司	补贴 8 000 万元	政府+企业	建成,能发电
河北承德	6 670 hm^2,120 MW	河北卡能光伏科技有限公司	30 亿元	政府+企业	项目签约,在建
江西上饶	1.33 hm^2,100 kW	台湾光宝绿色能源股份有限公司	500 万元	政府	建成,能发电,
江西鹰潭	0.67 hm^2,60 kW	台湾光宝绿色能源股份有限公司	350 万元	政府	建成,已并网发电
江苏常州和泰州	2 hm^2,100 kW	台湾光宝绿色能源股份有限公司	不详	政府	在建
海南三亚	3.34 hm^2,200 kW	台湾光宝绿色能源股份有限公司	不详	政府	部分建成发电,部分在建
江苏南京	13.34 hm^2,60 kW	鸿达温室	不详	政府+企业	前期 6 667 hm^2 已建成发电
辽宁大连	333.5 m^2,2 kW	北京中锦阳科技有限公司	不详	政府	建成
湖北武汉	200 hm^2,2.1 MW	武汉广源光伏太阳能科技有限公司	5.3 亿元	政府+企业	审批完成,在建
宁夏盐池	0.53 hm^2	宁夏意科太阳能发电公司	不详	不详	建成

从表 3-1 可以看出,光伏温室目前仅在我国少数几个省

市零星地区建有示范点，光伏发电装机容量一般几十千瓦，建成最大的也不超过 100 kW，整体规模不大。不过，较大规模的薄膜光伏太阳能温室已经在一些省份立项处于正在建设中或正在审批中，如河北承德、广西贺州和湖北武汉太阳能装机容量可达兆瓦级，最大有 120 MW，年发电量可达 1 亿 kW·h，2012 年仅云南省计划新建光伏温室近 10 hm^2，光伏发电规模达 4.0 MW，说明光伏温室已经得到了当地政府及设施农业经营者的认可，同时一些科研院所也在此方面开展相关研究，如中国科学院“霞光工程”与广西贺州合作的“光伏新能源立体农业产业化”项目已经立项并在建设中，产业机遇空前。

我国光伏温室的类型既有单栋温室也有连栋温室，总体来说以单栋居多，包括传统的日光温室改造以及单栋的不对称屋面温室，如图 3-6 和图 3-7 所示。光伏组件大多使用具有一定透光特性的非晶硅薄膜电池，采用直接嵌入的形式与温室采光屋面相结合。经调研，每亩单栋型光伏温室可安装光伏组件约 190～250 块，发电功率约 15～20 kW，理论日可发电 130～170 kW·h。图 3-8 为部分的工程案例照片。

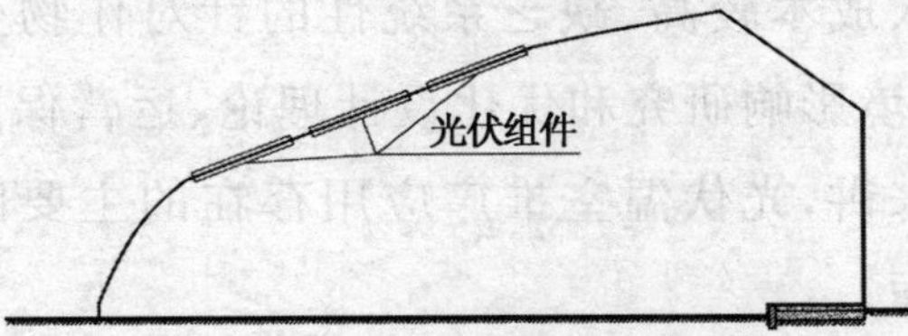

图 3-6　日光温室型光伏发电温室示意图

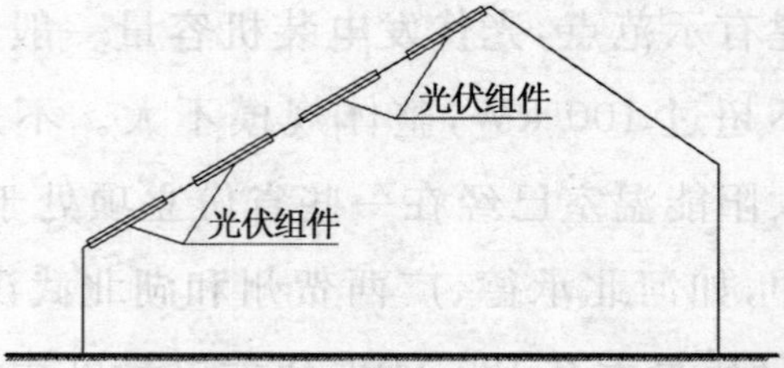

图 3-7 不对称屋面型光伏发电温室示意图

（a）山东寿光光伏日光温室内景

（b）宁夏盐池单栋不等屋面光伏温室外景

图 3-8 现有部分光伏温室内景、外景

目前，我国光伏温室设计者大多为光伏设备厂家，从规模上看基本处于产业化的前期，探索性试验示范的阶段，还存在诸如前期投入成本较高、缺乏系统性的针对作物生长机理的设施光、热环境影响研究和优化设计理论、运营保障不到位等问题。总体来讲，光伏温室推广应用存在的主要问题表现在以下几个方面。

①前期投入成本较高，农民独自承担难度大。目前，我国

的光伏电池生产线大部分引自国外，国内企业并不掌握光伏电池制造的核心技术，加之近年来原材料价格步步攀升，导致我国的光伏电池生产成较高。从表 3-1 可知，目前我国在建的或已建成的光伏示范温室均全部由当地政府直接投资，规模较大的才有企业资金参与。因此，如果没有政府资金的投入，初始建设投资完全由企业或个人承担，负担压力较大。

②缺乏光伏组件应用于温室对作物生长影响的研究，缺少光伏温室标准化设计理论。传统的太阳能晶硅电池不具有透光性，近年来在温室上应用并快速发展的是薄膜太阳能电池，这种太阳能电池的最大优点是可以透光，而且温度系数低，在阴天雨天和雾天也能发电，常年累计发电量比晶硅电池可提高 20％左右。但薄膜电池的透光率只有 10％～20％，电池板在温室屋面的布置对作物生长的影响研究目前尚属空白，什么品种的作物适合在这种弱光条件下生长还有待研究。标准化的光伏温室设计理论也不完善，从而制约了产业的规范化发展。

③已建成的光伏温室多为示范工程，与农业生产结合不紧密。光伏温室虽然在我国多个省份已建成了近 30 多个，但多数均是概念性的示范性工程。通过现场调研，发现建成的光伏温室大多数没有充分利用，室内种植农作物很少，甚至只是一个能利用太阳能发电的空壳，室内并没有任何农作物。当前，光伏温室作为一种新生事物，仅是概念性的展示，并没

有和实际农业生产紧密结合，没有起到既能利用太阳能发电，又能进行农作物生产的一举两得的双赢效果。

④配套设施不完善及运营保障技术不到位，导致实际应用效果不理想。由于目前大部分的光伏温室仅是示范，所以室内并没有相应的农业生产设施如降温和加温设施。我国大部分地区夏天温度普遍很高，冬季温度又很低，建成的光伏温室内没有相应的降温和加温设施，在炎热的夏季和寒冷的冬季都很难保证能进行农作物的正常生产，而且大部分农业企业和种植农户并不掌握太阳能电池的日常维护和保养技术，很多光伏企业在建成温室后并没有后续的运营保障技术服务，一旦太阳能电池出现问题就很难保证能正常运行，因此已建成的大部分光伏温室都存在应用效果不理想的状况。

(三)光伏温室的技术特性

1.光伏温室的透光性

温室是采光建筑，其透光性能的好坏直接影响到室内种植作物光合产物的形成和室内温度的高低。通常，透光率是评价温室透光性能的一项最基本的指标，它是指透进温室内的光照量与室外同一水平面上光照量的百分比。透光率越高，温室的光热性能越好。温室透光性能受温室透光覆盖材料透光性能和温室形状、朝向以及骨架阴影率的限制，而且随着不同季节太阳高度的不同，温室的透光性能也在随时变化。

一般，玻璃温室的透光率在 60%～70%，连栋塑料温室在 50%～60%，日光温室可达到 70%以上。

光伏温室不同于普通温室设施，其采光面覆盖材料是由光伏电池组件及普通透光覆盖材料间隔布置组合而成的，所以光伏温室的透光率不仅与温室形状等因素有关，更重要的是受光伏电池组件在屋面上的安装比例及光伏电池组件本身的透光率等参数的影响。光伏电池组件由于需要利用太阳光的能量，通过光伏反应将其转化为电能，所以光伏电池组件的透光率一般都比较低。晶硅电池组件的透光率为零，非晶硅薄膜电池组件的光能转化率略低于晶硅电池组件，其透光率根据生产工艺基本为 10%左右，如调整生产及划刻工艺，最高可达到 40%。

光是光伏温室进行农业生产和工业发电两方面都需要的竞争性资源。夏季室外太阳光照强烈，超过作物光合作用饱和点以上过多的太阳光进入温室将会造成室内温度过高，形成温室夏季的降温负荷，如果将这部分光能通过光伏电池组件吸收发电，不仅可以在满足作物正常生长条件下降低温室的降温负荷，还能收获更多的光伏电能，在温室建筑上也能省去室外遮阳、室内遮阳等环境控制设施，节约建设成本，具有相互补充，效益倍增的效果；但到了冬季，由于室外光照强度减弱，进入温室的光照强度在大部分时间内都不一定能达到室内作物的光合作用饱和点，再通过屋面光伏组件的遮光后室内作物的光照强度将严重不足，这时光伏发电与温室农业生产对光的要求将形成相互竞争的局面，光成为了两者协调工作的瓶颈。

与常用温室透光覆盖材料的透光率（表 3-2）比较可以看出，光伏电池组件的透光率远低于传统温室常用透光覆盖材料。因此，光伏温室除总透光量较常规温室减少外，由于采光面不同透光率覆盖材料的组合运用，还会在室内产生很多较为明显的弱光带，如图 3-9 所示，从而影响光伏温室的生产效果，需要在设计中进行重点考虑。

表 3-2　常见温室透光覆盖材料对太阳辐射的透光率

覆盖材料/mm	透光率/%
浮法玻璃，3～5	85～88
双层密封玻璃，25	71
UV 稳定 PE 膜，0.1～0.15	87
红外吸收 PE 膜，0.1～0.15	82

注：波长范围 400～700 nm，入射角为 0°。

图 3-9　光伏温室内的弱光带

温室作物的生产除了受总进光量即光照强度的影响较大外，对透进太阳光的光质也有一定的要求。作物的光合作用是在叶绿体内利用光合有效辐射范围（400～700 nm）内的光量子进行的，在这个范围内的光被称为光合有效辐射，其中红光对光合作用贡献率最大，蓝光次之，绿光被植物吸收的比率很低。然而与单独采用红光的条件相比，红蓝混合光的生长效果比较理想。透进温室的太阳光光质的变化主要与透光覆盖材料的自身性质有关，不同的透光覆盖材料对各波段太阳光的透光率也不同。为掌握非晶硅薄膜电池组件对各波段光谱的透光率，一般采用分光光度计法进行测试分析，如图 3-10 所示。

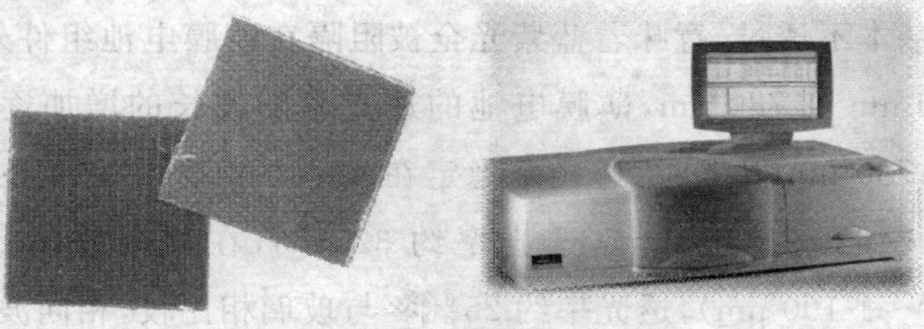

(a)测试样品(100 mm×100 mm)　　(b)测试仪器(分光光度计)

图 3-10　非晶硅薄膜电池组件透光率测试样品及仪器

图 3-11 是国内某非晶硅薄膜电池生产厂家提供的光伏组件样品在各波段光谱下的透光率，测试仪器为 Perkin-Elmer 公司 Lamnda 950 分光光度计，设定的测试光谱范围为

290～1 100 nm，每隔 5 nm 记录一组数据。

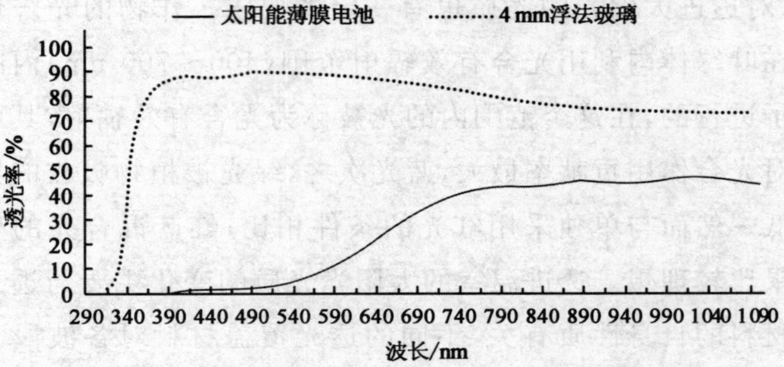

图 3-11　非晶硅薄膜电池组件与玻璃的透光率(290～1 100 nm)比较

由图 3-11 可见，非晶硅薄膜电池对 500 nm 以下的光辐射基本不透过，意味着蓝紫光全被阻隔在薄膜电池组件外；从 500 nm 到 780 nm，薄膜电池的透光率随波长的增加逐渐提高；780 nm 以上时，透光率稳定在 42％～46％左右。在红光区域(620～750 nm)，透光率约 32.1％，在整个波段范围(290～1 100 nm)，透光率约 25％。与玻璃相比较，相同波长下玻璃的透光率最低也在 73％以上。因此，使用非晶硅薄膜电池组件的光伏温室，其作物生长所需要的蓝光(455～492 nm)基本是依靠温室常规透光覆盖材料透过，而红光(620～750 nm)则可由薄膜电池组件及常规透光覆盖材料共同透过。结合光伏组件的特性，光伏温室的设计需重点考虑透进温室的光强、光照均匀性外，还应注重透进的光质(主要是红光、蓝光)能否满足室内作物的生长需求。

2.光伏温室的保温性

加温耗能是温室冬季运行的主要制约因素。提高温室的保温性能,降低能耗,是提高温室生产效益的最直接的手段。衡量温室保温性能的指标除了温室围护结构的保温热阻外,温室的保温比是一项最基本的指标。

所谓“热阻”就是材料阻止热量散失的能力,材料的热阻越大,温室的保温性能就越强。热阻(R)是材料的一种固有特性,与材料的种类和厚度有关,和材料的传热系数 K 值是倒数关系。同种材料,厚度越厚,热阻越大。

温室保温比指热阻较大的温室围护结构覆盖面积和地面积之和与热阻较小的温室透光材料覆盖面积之比。保温比越大,说明温室的保温性能越好。一般温室的保温比均小于1.0,但有的日光温室的保温比可能会大于1.0,所以日光温室的保温性能要远远优于其他温室。

光伏温室由于仅在覆盖材料上与常规温室不同,所以其保温比等同于相应的载体温室。光伏电池组件由于具有较大的厚度,所以其传热系数基本要高于传统的透光覆盖材料。以非晶硅薄膜电池组件为例,组件厚度基本为6.8 mm,是由3.2 mm厚的超白浮法玻璃(前面板)、0.4 mm发电介质及3.2 mm厚的钢化玻璃(后面板)组成,相当于双层玻璃。所以其传热系数基本在3.0～4.0 W/(m^2·℃)之间,小于现有的透光覆盖材料(表 3-3)。在考虑光伏组件发电时,背板额外还会发热,因此,冬季光伏温室的保温性能应优于传统温室。

表 3-3　温室常见透光覆盖材料的传热系数

覆盖材料	传热系数 K/[W/(m²·℃)]
单层玻璃,3～5 mm	6.3～6.4
单层塑料薄膜	6.6～6.8
中空 PC 板,双层,4 mm	3.8

(四)光伏温室的设计

1. 设计原则

光伏温室是一种将光伏发电与温室作物生产合为一体的农业设施,因此其设计原则需要以保障太阳能光伏发电和室内作物生产的并行不悖为根本目标,在满足作物生长需求的基础上,实现光伏发电的最大化。光伏温室的各项建筑参数均是在遵循这一核心原则的基础上,进行设计建造。

光伏温室的核心设计主要包括温室屋面倾角的设置、采光面光伏组件布置数量及布置方案的设计两大部分内容。

2. 光伏温室屋面倾角的设计

屋面倾角是光伏温室的重要设计参数,其不仅影响光伏组件的发电效率,而且也影响透光覆盖材料的透光率,因此在设计过程中,需要综合考虑两方面因素,得出相对最优化的结果。

(1)屋面倾角对光伏电池组件发电效率的影响

以北京地区的非晶硅薄膜电池组件为例,依据具体气象资料以及太阳能薄膜电池生产厂家提供的性能参数(转化效率为9.5%),利用加拿大自然资源部开发的 RETScreen(V4.0)优化设计软件,计算得出倾角在20°~50°范围倾斜面上各月平均日太阳辐射及其平均值和单位面积发电量,如表3-4所示,并将各倾角对应的单位面积发电量绘成曲线图,如图3-12所示。

表3-4 北京地区不同角度倾斜面上各月平均日太阳辐射

单位:kW·h/(m²·d)

项目	安装倾角										
	20°	23°	26°	29°	32°	35°	38°	41°	44°	47°	50°
1月	3.09	3.21	3.33	3.44	3.55	3.64	3.73	3.82	3.89	3.96	4.02
2月	3.86	3.96	4.06	4.15	4.22	4.30	4.36	4.41	4.45	4.49	4.51
3月	4.52	4.57	4.62	4.65	4.68	4.69	4.70	4.70	4.69	4.66	4.63
4月	5.18	5.19	5.18	5.16	5.14	5.10	5.06	5.00	4.94	4.86	4.78
5月	5.47	5.43	5.39	5.33	5.27	5.20	5.11	5.02	4.92	4.81	4.69
6月	5.07	5.02	4.97	4.90	4.83	4.75	4.66	4.56	4.46	4.35	4.23
7月	4.53	4.49	4.45	4.40	4.34	4.27	4.20	4.12	4.03	3.94	3.84
8月	4.49	4.47	4.45	4.42	4.39	4.34	4.29	4.23	4.16	4.09	4.00
9月	4.32	4.34	4.36	4.37	4.38	4.37	4.35	4.33	4.30	4.26	4.21
10月	3.74	3.81	3.87	3.93	3.97	4.01	4.04	4.06	4.07	4.07	4.07
11月	3.04	3.14	3.23	3.32	3.40	3.47	3.53	3.59	3.63	3.67	3.70
12月	2.66	2.77	2.87	2.96	3.06	3.14	3.22	3.29	3.35	3.41	3.46
日均辐射值	4.16	4.20	4.23	4.25	4.27	4.27	4.27	4.26	4.24	4.21	4.18
单位面积年发电量(kW·h)	124.18	125.28	126.17	126.82	127.23	127.41	127.34	127.04	126.49	125.71	124.69

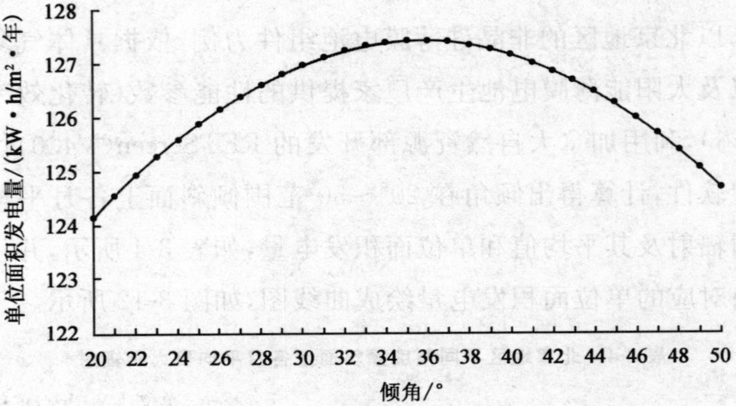

图 3-12　倾角对单位面积发电量的影响

经分析可以发现，薄膜电池组件倾角在 20°～50°范围变化时，对应单位面积发电量呈先增加后降低的趋势，在倾角为 35°时，日平均辐射量和年均发电效率最大，但是总体来说，在整个范围内变化幅度不大，基本在 3%之内，因此综合考虑安装要求、温室结构要求，温室屋面的太阳能薄膜电池板倾角可在 25°～35°之间变化。晶硅电池组件的规律与之类似。

(2)倾角对普通透光覆盖材料透光率的影响

倾角同样也是影响透光覆盖材料采光的重要设计参数。以 4 mm 浮法玻璃为例，参照玻璃透光率的计算公式(3-1)：

$$\tau=(1-r)^2\cdot\alpha(1-r^2\alpha^2) \tag{3-1}$$

式中：τ—玻璃的透光率；

r—界面的反射率，

可按菲涅尔(Fresnel)公式计算

$$r=0.5\{\sin^2(\theta-\theta')/\sin^2(\theta+\theta')+\tan^2(\theta-\theta')/\tan^2(\theta+\theta')\} \tag{3-2}$$

其中：θ—光线入射角；

θ'—光线折射角，

按司乃耳折射定律有

$$n=\sin\theta/\sin\theta' \tag{3-3}$$

n—折射率，是物质固有的特性常数，玻璃平均取值1.526；

α—光在玻璃内前进时穿透的比率，

根据郎伯鲍格尔(Lambert-Bouguer)定律

$$\alpha=e^{-kL/\cos\theta'}$$

L—玻璃厚度，m；

k—吸光系数，是物质固有的特性常数，国产平板玻璃 k 值为 $7.1\sim18.8\ m^{-1}$，进口玻璃 k 值为 $6.851\ m^{-1}$。

以及太阳入射角的计算公式(3-5)：

$$\cos i=(\sin\varphi\cos\theta-\cos\varphi\cos\theta\cos\gamma)\sin\delta+(\cos\varphi\cos\theta+\sin\varphi\sin\theta\cos\gamma)\cos\delta\cos\omega+\sin\theta\sin\gamma\cos\delta\sin\omega \tag{3-5}$$

式中：i—倾斜角为 θ，平面方位角为 γ 的屋面上的太阳入射角；

φ—地理纬度；

δ—太阳赤纬角，$\delta=23.45\sin\left[360\times\frac{284+N}{365}\right]$；

N—日序数，即计算日距 1 月 1 日天数；

ω—太阳时角，$\omega=15^\circ\times(12-t)$；

t—计算时间。

根据合理采光时段理论（冬至日正午前后 4 h 内保证太阳辐射最大限度地投入温室），计算北京地区冬至日上午 10:00～12:00，不同屋面倾角对太阳入射角及玻璃透光率的影响，如图 3-13 至图 3-15 所示。

从中可以看出，在冬至日上午 10 时至 12 时，越临近正午，受太阳高度角的增大，对应投射至玻璃上的太阳入射角和透光率均呈增长趋势。但是针对各固定时刻，太阳入射角随倾角变化的趋势基本一致。即随着倾角的增大，太阳光投射

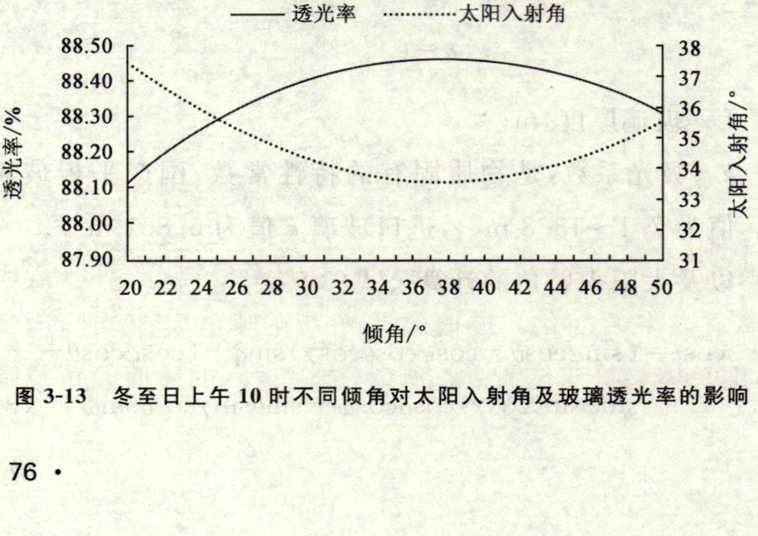

图 3-13　冬至日上午 10 时不同倾角对太阳入射角及玻璃透光率的影响

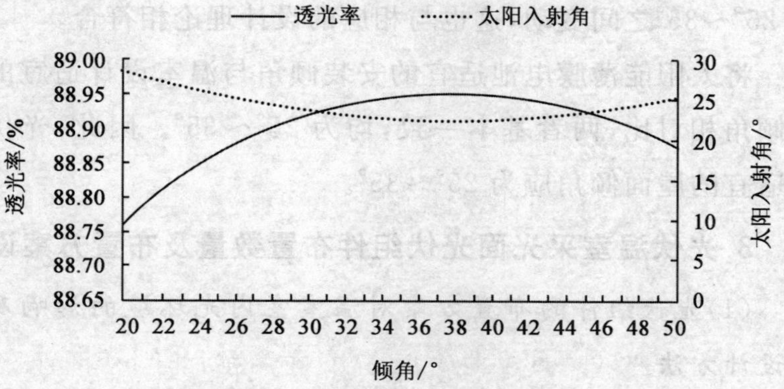

图 3-14　冬至日上午 11:00 不同倾角对太阳入射角及玻璃透光率的影响

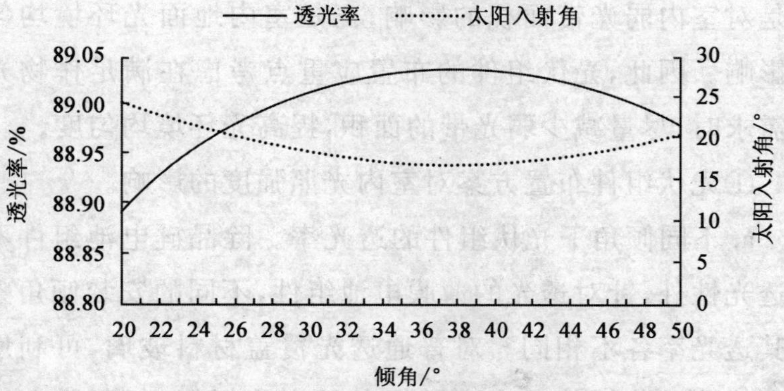

图 3-15　冬至日上午 12 时不同倾角对太阳入射角及玻璃透光率的影响

到玻璃上的入射角呈先降低后增大的趋势，从而对应造成了玻璃透光率的变化。玻璃的透光率在倾角为 35°时，达到最大，但总体趋势变化不大。所以，温室适宜的屋面倾角范围可在 25°～35°之间变动，这也与相应的设计理论相符合。

将太阳能薄膜电池适宜的安装倾角与温室设计适宜的屋面倾角相对比，两者基本一致，均为 25°～35°。因此，光伏温室适宜的屋面倾角应为 25°～35°。

3.光伏温室采光面光伏组件布置数量及布置方案设计

(1)光伏组件的布置方案对温室室内光环境的影响及优化设计方法

光伏温室中光伏组件的布置方案对温室室内光环境造成的影响，主要表现在三个方面：一是对室内光照强度的影响；二是对室内弱光带面积的影响；三是室内地面光环境均匀度的影响。因此，光伏组件的布置应重点考虑在满足作物光环境需求时，尽量减少弱光带的面积，提高光环境均匀度。

①光伏组件布置方案对室内光照强度的影响。

a.不同倾角下光伏组件的透光率。除晶硅电池组件不具有透光性外，针对透光的薄膜电池组件，不同的安装倾角条件下其透光率各不相同。对普通透光覆盖材料玻璃，可利用前述理论公式分析其透光率随倾角的变化规律，但薄膜电池组件的材料性质与玻璃尚有所不同，其折射率、吸光系数等材料固有参数尚未明确，无法直接利用理论公式进行分析。因此为准确评估温室屋面安装的薄膜电池组件对室内光环境的影响，有必要直接利用试验测试的手段，分析不同倾角对光伏组件透光率的影响，相关测试装置如图 3-16 所示，测试结果如

表 3-5 所示。

表 3-5 不同倾角条件下的透光率(上午 11:00～11:30 测得)

倾角	0°	20°	25°	30°	35°	40°	45°	50°
透光率/%	18.7	21.6	22.3	22.5	22.1	22.1	24.3	24.1

图 3-16 不同倾角对薄膜电池组件透光率影响的试验装置图

根据太阳入射角计算公式，计算得出对应倾角条件下的太阳入射角的范围，基本在 13.8°～40°范围，对应的光伏组件的透光率的影响在±3.5%之间，故入射角在 40°以内时，基本可忽略入射角的变化对透光率的影响。

b. 光伏组件对温室室内光强影响的模拟。光照是作物光合作用的基本需求，也是温室能量的主要来源，温室内光照强度及总进光量的大小是影响室内作物生产的重要因素。因此，有必要针对安装光伏组件的温室光照强度进行模拟计算。

将照射至温室光伏组件屋面的太阳光分为四个阶段计算：一是从太阳至地球大气层外；二是穿越大气层至地平面；

三是从地平面换算至光伏组件屋面；四是穿过温室屋面到温室地面。

第一，从太阳至地球大气外层，太阳照射到地球大气外层的辐射强度为：

$$I_0 = I_{SC} \cdot r \tag{3-6}$$

式中：I_0—大气层上界太阳辐射强度，W/m^2；

I_{SC}—太阳常数，取 1 353 W/m^2；

r—日地间距引起的修正值，$r=1+0.033\cos\left(\frac{360N}{370}\right)$；

N—日序数，即计算日距 1 月 1 日天数。

第二，穿越大气层至地平面，太阳辐射从地球大气外层照射到地平面的直射辐射强度为：

$$I_m = I_0 \cdot P_m^m \tag{3-7}$$

式中：I_m—地面上，垂直太阳光线的直射辐射强度，W/m^2；

m—大气质量，$m=[1\ 229+(614\ \sin h)^2]^{0.5}-614\sin h$；

h—太阳高度角；

P_m—大气透明度，为简化计算将 P_m 修正到 $m=2$ 的透明度 P_2，一般取 0.75。

太阳高度角的计算：

$$\sin h = \sin\varphi \cdot \sin\delta + \cos\varphi \cdot \cos\delta \cdot \cos\omega \tag{3-8}$$

式中：h—太阳高度角，即太阳光线与水平面的夹角。

太阳辐射从地球大气外层照射到地平面的散射辐射强度为：

$$I_d=\frac{1}{2}I_0\cdot\sinh\cdot\frac{1-P_m^m}{1-1.41\ln P_m} \tag{3-9}$$

式中：I_d—地面上，太阳光的散射辐射强度，W/m²。

第三，从地平面换算至光伏组件屋面，光伏组件屋面可视为一个倾斜的斜面，如图 3-17 所示。太阳辐射照射到屋面上的光分为直射辐射和散射辐射两部分。

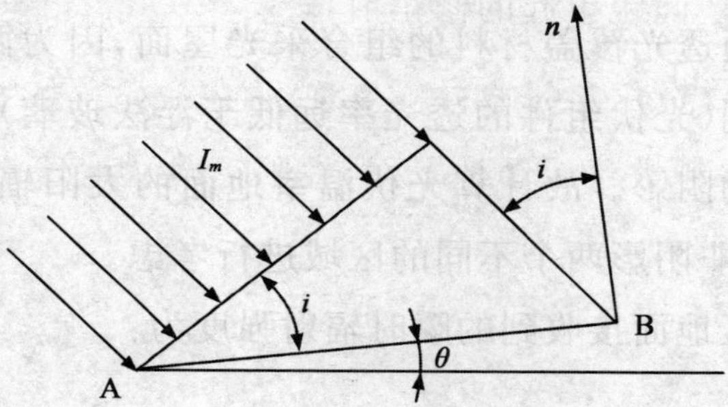

图 3-17　光伏屋面太阳辐射示意图

照射到屋面上的直射辐射为

$$I_{b\theta}=I_m\cdot\cos i \tag{3-10}$$

式中：$I_{b\theta}$—屋面上的太阳直射辐射；

i—倾斜角为 θ，平面方位角为 γ 的屋面上的太阳入射角。

照射到屋面上的散射辐射为

$$I_{d\theta}=I_d\cdot\frac{1+\cos\theta}{2}=I_d\cdot\cos^2\frac{\theta}{2} \quad (3\text{-}11)$$

透过光伏组件进入温室的瞬时辐射强度为：

$$I_{total-t}=I_{b\theta}\cdot\lambda_{pv}+I_{d\theta}\cdot\lambda_{pv} \quad (3\text{-}12)$$

式中：$I_{total-t}$—透过光伏组件进入温室内的总辐射强度，W/m^2；

λ_{pv}—光伏组件的透光率。

第四，穿过屋面至温室地面，光伏温室是采用太阳能光伏组件和普通透光覆盖材料的组合采光屋面，因为两种材料的透光率不同（光伏组件的透光率远低于浮法玻璃），地面上会出现相应的阴影。故计算光伏温室地面的太阳辐射强度，应分为阴影、非阴影两个不同的区域进行考虑。

阴影区地面接收到的瞬时辐射强度为：

$$\begin{aligned}I_{total-s}&=I_{b\theta}\cdot\lambda_{pv}\cdot r_{pv}+I_{d\theta}\cdot\lambda_{pv}\cdot r_{total-pv}+I_{d\theta}\cdot\lambda_n\cdot r_{total-n}\\&=I_m\cdot\cos i\cdot\lambda_{pv}\cdot r_{pv}+\frac{1}{2}I_0\cdot\sin h\cdot\cos^2\frac{\theta}{2}\cdot\\&\quad\frac{1-P_m^m}{1-1.41\ln P_m}\cdot(\lambda_{pv}\cdot r_{total-pv}+\lambda_n\cdot r_{total-n}) \quad (3\text{-}13)\end{aligned}$$

式中：$I_{total-s}$—光伏温室地面阴影区总辐射强度，W/m^2；

r_{pv}—屋面光伏组件面积与地面阴影面积比；

$r_{total-pv}$—屋面光伏组件总面积与地面总面积比；

$r_{total-n}$—屋面透光覆盖材料总面积与地面总面积比；

λ_n—屋面透光覆盖材料透光率。

非阴影区地面接收到的瞬时辐射强度：

$$I_{total-n}=I_{b\theta}\cdot\lambda_n\cdot r_n+I_{d\theta}\cdot\lambda_n\cdot r_{total-n}+I_{d\theta}\cdot\lambda_{pv}\cdot r_{total-pv}$$
$$=I_m\cdot\cos i\cdot\lambda_n\cdot r_n+\frac{1}{2}I_0\cdot\sin h\cdot\cos^2\frac{\theta}{2}\cdot\frac{1-P_m^m}{1-1.41\ln P_m}\cdot(\lambda_{pv}\cdot r_{total-pv}+\lambda_n\cdot r_{total-n})\qquad(3\text{-}14)$$

式中：$I_{total-n}$—光伏温室地面非阴影区总辐射强度，W/m^2；

r_n—屋面透光覆盖材料面积与地面非阴影区面积比。

因此，针对光伏温室，根据公式(3-13)和公式(3-14)，只需已知纬度、日序数、屋面倾角角度、光伏组件面积和屋面面积，就可求出室内地面的任意时刻的辐射强度。

②光伏组件对室内弱光带的影响。

光伏温室中，光伏组件产生的室内弱光带问题是制约温室作物的产量及品质的重要因素，有必要对光伏组件造成的室内弱光带的位置和面积进行数学模拟，从而在设计过程中，尽量优化组件布置方案，减少弱光带面积。

假设单块光伏组件的长为 L，宽为 W，在屋面的安装倾角为 θ，安装方式如图 3-18 所示。根据几何算法，光伏组件对应的室内投影面积为：

$$S_{d\theta}=L\cdot(W\cdot\cos\theta+\tan^{-1}h\cdot\cos r\cdot W\cdot\sin\theta)\qquad(3\text{-}15)$$

式中：$S_{d\theta}$—光伏组件对应的室内弱光带面积，m^2；

L—光伏组件长度，m；

W—光伏组件宽度，m；

θ—光伏组件的屋面安装倾角，°

r—太阳方位角。

$$\cos r = \frac{\sin h \cdot \sin\varphi - \sin\delta}{\cos h \cdot \cos\varphi}$$

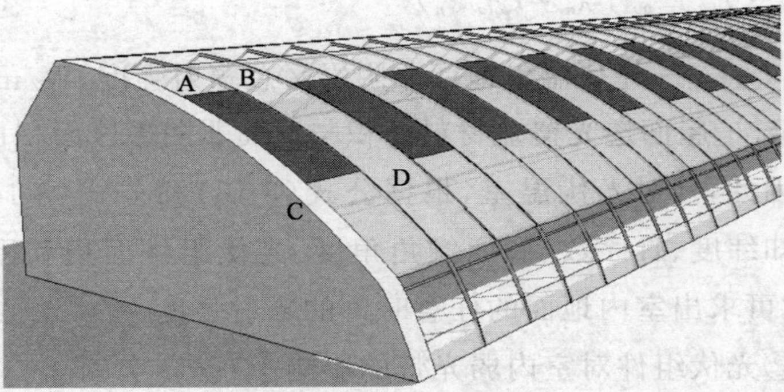

图 3-18　光伏组件安装示意图

因此，针对光伏温室，根据公式（3-15），只需要已知光伏组件的尺寸、安装倾角和地理纬度，即可计算任意时间点其对应的弱光带面积和位置。

③光伏组件对光照均匀度的影响。

温室总进光量反映了温室地面接受太阳光辐射强度的大小，其在温室内的分布是否均匀一致也是温室性能的主要指标。光伏温室内太阳光照的分布明显不同于室外。光伏组件布置合理，可以使室内光照分布更均匀，作物光能利用率高、品质稳定;光伏组件布置不合理,将造成室内光照分布不均匀,会引起作物生长不一,影响产品质量。

衡量光伏温室内光照分布的均匀性可用光照分布均匀度指标 C_v,计算公式为:

$$C_v=1-\frac{s}{\bar{I}} \quad (3\text{-}16)$$

式中:C_v—光伏温室内光强分布均匀度;

s—光伏温室内光强的标准差;

$$S=\sqrt{\frac{\sum_{i=1}^{n}(I_i-\bar{I})^2}{n-1}} \quad (3\text{-}17)$$

$\bar{I}$—光伏温室内光照强度的平均值;

n—将光伏温室室内地面等面积划分的块数;

I_i—光伏温室内第 i 块的光照强度。

针对光伏温室,可选取不同布置方案的标准单元,将其对应的地面均分成 9 个方格,取方格的光照均值作为该块的强度,如图 3-19 所示,运用公式(3-16)、公式(3-17)计算光照均匀度。

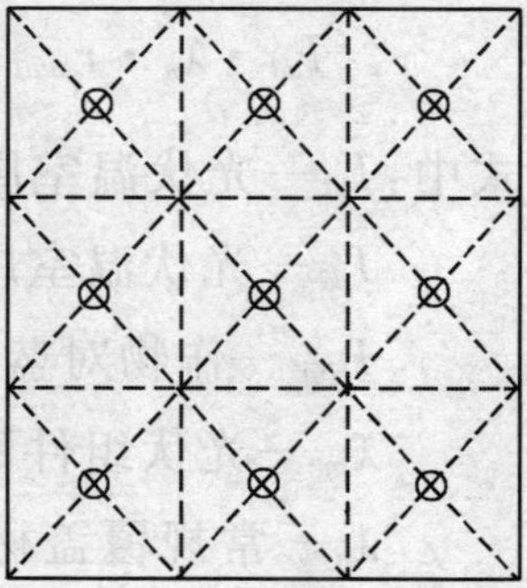

图 3-19 光伏温室地面光照均匀度计算取点方案图

光伏温室中,光伏组件对室内光环境的影响主要体现在造成室内存在阴影、光照分布不均匀等。因此,针对光伏组件在温室屋面的不同布置方式,可根据上述模拟公式,利用评估其光照均匀度值、阴影面积等方法,来优化选择最佳的布置方案。

(2)光伏组件布置数量的优化设计

建设光伏温室要求兼顾光伏发电与作物生产,因此满足作物的采光需求,是确定光伏温室中光伏组件数量及布置方式中需要解决的核心问题。结合现有的温室设计成果,提出光伏温室光伏组件布置数量优化设计的方法为:以保障冬至日 10 时光伏温室内的光环境基本满足作物的红蓝光需求为衡量准则,确定温室屋面中光伏组件的安装比例;再结合室内光环境均匀度,判定光伏组件的布置方式,从而基本确定光伏温室的设计参数。

①进入温室的蓝光。

$$I_{blue}=I_{b\theta}\cdot\lambda_{pv}\cdot r_{pv}\cdot\rho_{blue-pv}+I_{d\theta}\cdot\lambda_{pv}\cdot r_{total-pv}\cdot\rho_{blue-pv}+I_{d\theta}\cdot\lambda_{n}\cdot r_{total-n}\cdot\rho_{blue-n}\qquad(3\text{-}18)$$

式中:$I_{b\theta}$—光伏温室屋面的太阳直射辐射;

$I_{d\theta}$—光伏温室屋面的太阳散射辐射;

I_{blue}—作物对蓝光的需求;

λ_{pv}—光伏组件的透光率;

λ_{n}—常规覆盖材料的透光率;

$\rho_{blue-pv}$—透过光伏组件的辐射中,蓝光所占的比例;

ρ_{blue-n}—透过常规覆盖材料的辐射中,蓝光所占的比例;

r_{pv}—屋面光伏组件面积与地面阴影面积比；

$r_{total-pv}$—屋面光伏组件总面积与地面总面积比；

$r_{total-n}$—屋面常规覆盖材料总面积与地面总面积比。

②进入温室的红光。

$$I_{red}=I_{b\theta}\cdot\lambda_{pv}\cdot r_{pv}\cdot\rho_{red-pv}+I_{d\theta}\cdot\lambda_{pv}\cdot r_{total-pv}\cdot\rho_{red-pv}+I_{d\theta}\cdot\lambda_{n}\cdot r_{total-n}\cdot\rho_{red-n} \quad (3\text{-}19)$$

式中：I_{red}—叶菜类作物对蓝光的需求；

ρ_{red-pv}—透过光伏组件的辐射中，红光所占的比例；

ρ_{red-n}—透过常规覆盖材料的辐射中，红光所占的比例。

根据公式(3-18)和公式(3-19)，已知地理纬度以及温室作物对红蓝光的生长需求，即可确定出光伏温室的光伏组件的安装面积，进而根据光照均匀度计算，确定光伏组件在屋面的安装布置方案。

4.案例分析

(1)基本条件

以北京地区(北纬 39.9°)典型的 8 m 跨、80 m 长日光温室为载体温室，温室的基本尺寸为：前屋面角 30°、脊高 4.1 m、前屋面水平投影 6.8 m、后屋面水平投影 1.2 m、后墙高 3.1 m。其采光屋面面积约 635 m²。光伏组件采用非晶硅薄膜电池。温室内种植叶菜类作物，计算对应的光伏温室设计参数。

(2)光伏组件的特性及作物采光需求

①光伏组件对透过后的光质影响。结合光伏温室的屋面倾角范围,可将光伏温室中光伏组件的安装倾角定为30°。利用图3-14开发的实验装置,运用Avantes光谱仪,测试光伏组件在倾角为30°时300～1 100 nm光谱波段的太阳光的透光率,如图3-20所示。

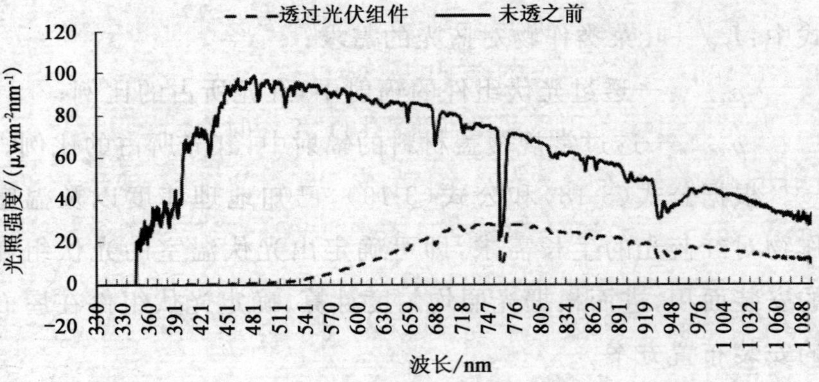

图3-20　倾角为30°光伏组件对各波段的透光率

对图3-20进行积分可以看出,倾角为30°时,光伏组件对于300～1 100 nm辐射的透光率为22%。透过光伏组件前后,红(620～700 nm)、蓝(455～492 nm)光占总辐射的比例分别为13.72%、6.78%(透过前)和14.28%、0.25%(透过后)。

②叶菜类作物对光强及光质的需求。叶菜类作物(生菜)的光补偿点约15～20 W/m²,光饱和点约250 W/m²。适宜的红蓝

光需求分别为:红光(660 nm±20 nm)约 136.9 μmol/(m^2·s)(折合 34.2 W/m^2 光合有效辐射),蓝光(450 nm±20 nm)约 17.1 μmol/(m^2·s)(折合 4.3 W/m^2 光合有效辐射)。因此,光伏温室的室内光环境需从光强、光质两方面来分析,尤其是要考虑满足作物对蓝光的需求。

(3)光伏温室的设计结果

①光伏组件安装面积。结合光伏温室设计理论,运用公式(3-18)和公式(3-19),计算得出。

当光伏组件面积占采光面面积的 25%时,室内阴影区接收到的蓝光为 4.3 W/m^2、红光为 26.7 W/m^2、总辐射为 183 W/m^2。基本满足作物生长需要。此时光伏组件面积约 159 m^2,单块薄膜电池板尺寸 1.1 m×1.3 m,所以可安装 111 块。

②光伏组件布置方案。

方案一:间隔布置。将三块组件组合为一条,进行布置,条与条间距为 1.1 m。

方案二:棋盘布置。第一次将两块组件组合为一条、第二次将一块组件作为一条进行布置。

根据光照均匀度计算公式(3-15)和公式(3-16),计算两方案的均匀度值为:方案一 72.8%;方案二 75.8%。光照均匀度越大,说明均匀性越好,故方案二的均匀度要好于方案一,从而更有利于温室作物的生产。

结论：针对北京地区 8 m 宽、80 m 长日光温室，适宜铺设 111 块光伏组件、安装倾角为 30°，布置方案采用棋盘式布置。

(五)光伏温室的安装与维护

光伏温室的安装与维护可分为两部分，一部分是屋面光伏组件系统的安装与维护，另一部分则是载体温室系统的安装与维护。因屋面光伏组件是安装在载体温室屋面骨架上的，所以两者是彼此相关联的。关于载体温室安装与维护的规定，现行的温室工程标准及手册中已有详细的描述，不多赘述，本节将重点介绍光伏温室屋面光伏组件系统的安装与维护。

1. 光伏温室屋面安装的一般规定

新建温室屋面光伏组件安装施工应该纳入温室设备安装施工组织设计，并制定相应的安装施工方案和特殊安全措施。

光伏温室屋面光伏组件安装前应具备以下条件：

①光伏设备及组件齐全，且已入场检查合格。

②施工组织设计及施工方案已经批准。

③场地、电、道路等条件能满足正常施工需要。

④温室结构已经施工完毕，预留安装构件等符合设计图纸，并已验收合格。

安装温室屋面光伏组件时，应对温室结构骨架部位采取一定的保护措施。施工人员做好必要的安全防护措施。光伏温室屋面光伏组件安装前还应该采取以下安全措施：

①光伏组件在存放、搬运、吊装等过程中不得碰撞受损，光伏组件吊装时，其底部要做好铺衬，背面不得受到任何碰撞和重压。

②光伏组件在安装时表面应铺遮光板，遮挡阳光，防止电击造成危险。

③光伏组件的输出电缆不得发生短路。

④连接无断弧功能的开关时，不得在有负荷或能够形成低阻回路的情况下接通正、负极或断开。

⑤连接完成或部分完成的光伏系统，遇有光伏组件破裂的情况应及时设置限制接近的措施，并由专业人员处置。

⑥接通电路后应注意热斑效应的影响，不得局部遮挡光伏组件。

⑦在坡度大于 10°的坡屋面上安装施工，应设置专用踏脚板。

⑧施工人员进行高空作业时，应佩戴安全防护用品，并设置醒目、清晰、易懂的安全标识。

2. 安装施工

光伏温室屋面是一种嵌入式一体化构造形式，光伏组件发电的同时也是温室屋顶围护构件，温室结构骨架作为其安装基座，温室结构施工应严格控制尺寸误差。光伏温室屋面覆盖由温室透光覆盖材料（塑料薄膜、玻璃或者 PC 板等）和光伏组件组合而成，安装方式兼有温室透光覆盖材料和明(隐)框屋面采光顶构造双重构造特点。

(1)结构基座校准

①温室结构骨架施工时，需要光伏系统专业安装人员参与配合。

②光伏温室屋面分格轴线的测量放线与主体结构的测量放线配合，对误差进行控制、分配、消化，不使其积累。

(2)横梁安装

将支撑光伏组件的横梁两端通过铝合金角码转换连接在温室屋面梁预定位置上，采用机制螺钉固定，要求安装牢固，接缝严密，安装方式详见图 3-21 和图 3-22。

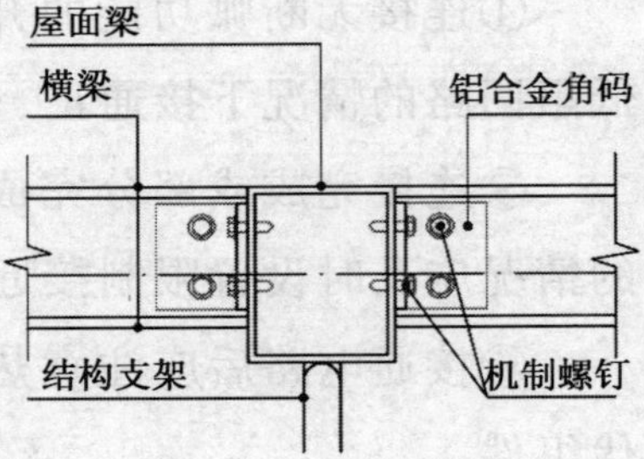

图 3-21　横梁安装剖面图

要求相邻两根横梁的水平偏差不大于 1 mm。横梁安装完成后，应进行检查、调整、校正、固定，使其符合质量要求。调整好光伏温室屋面结构件的垂直度、水平度后，方可进行屋面温室透光覆盖材料以及光伏组件的安装。

(3)光伏组件安装

非晶硅薄膜电池组件厚度约为 6.8 mm(前面板为超白浮法玻璃，厚度 3.2 mm，后面板为钢化玻璃，厚度 3.2 mm)，本部分以非晶硅薄膜电池组件为例，介绍光伏组件在温室屋面的安装(图 3-23)。温室屋面透光覆盖材料中,一般玻璃选用 5 mm 厚钢化玻璃、PC 板厚度约 8 mm,这两种材料与光伏组件的厚度差异较小,可通过软质胶垫调节厚度差;但薄膜覆盖材料厚度很薄,安装固定差异较大。由于温室屋面形式各异,屋面坡度亦差距较大,本文以三种典型透光覆盖材料和光伏组件安装组合为例,简要介绍温室屋面光伏组件安装构造特点。

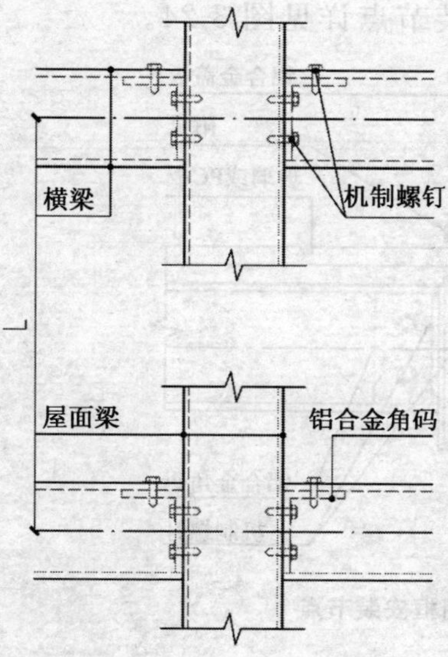

图 3-22　横梁安装平面图

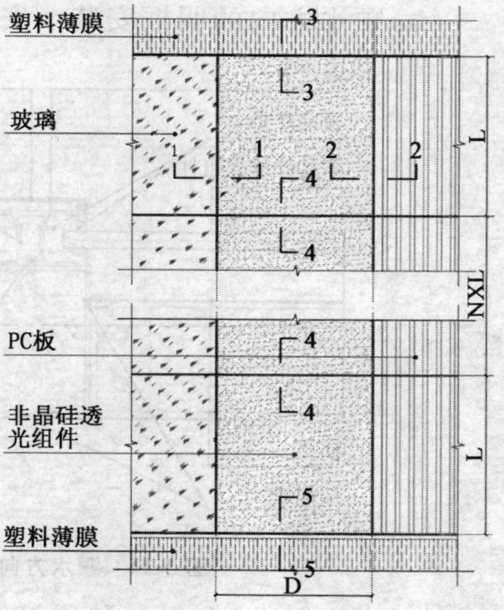

图 3-23　光伏温室屋面材料平面布置图

①安装方式。

温室一般透光覆盖材料(玻璃、PC 板和薄膜)安装均为明框安装,通过专业铝合金型材安装固定,接缝处填塞密封胶垫,其特点是构造简单,施工便捷,成本较低,缺点是密封不够紧密,长时间使用后密封胶垫老化变形,经常发生漏雨现象。民用建筑屋面采光顶安装可分为明框安装、隐框安装以及半隐框安装三种方式,构造相对复杂,但是安装牢固,密封性能良好。本部分内容考虑温室作为农业生产设施的特殊性以及光伏组件自身特点,兼顾温室和民用建筑安装各自优缺点,介绍光伏温室屋面安装构造。

a. 顺水方向的明框安装。安装节点详见图 3-24。

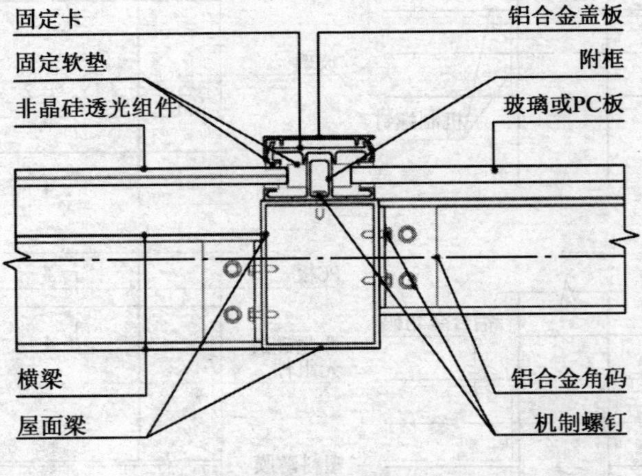

图 3-24 顺水方向明框安装节点

在屋面梁或横梁(取顺水方向)上方通过螺栓固定铝合金附框。附框上安装固定软垫,并通过软垫高度调节不同覆盖材料的高差。固定软垫上方安装光伏组件或透光覆盖材料(玻璃、PC 板),然后用配套的专用固定卡固定在附框上,固定卡和屋面透光覆盖材料之间塞入软垫以保证安装紧密、牢固。固定卡上方安装配套的专用铝合金盖板。

b. 截水方向的隐框安装。安装节点详见图 3-25。

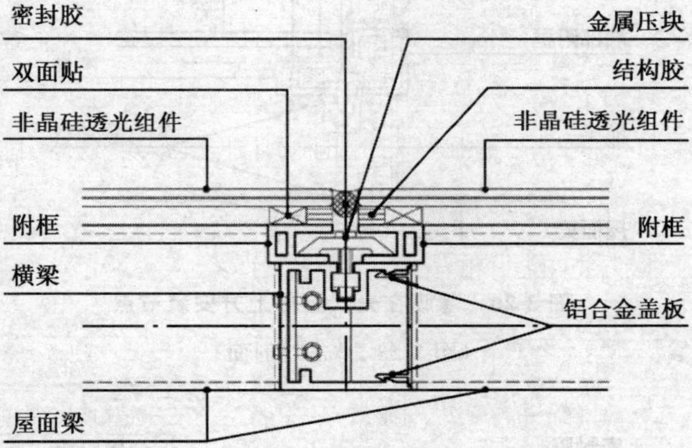

图 3-25　截水方向隐框安装节点

现场将带附框的光伏组件(附框在工厂已通过结构胶固定在非晶硅透光组件上)放置在屋面梁或横梁(取截水方向)上方,通过螺栓和金属压块固定,金属压块间距不大于 300 mm。

调节光伏组件的水平度和垂直度,在两块组件的缝隙处灌注密封胶。

c. 同薄膜连接处安装。安装节点详见图 3-26、图 3-27。

光伏组件安装方式同前文介绍的隐框安装方式。安装薄膜一侧附框采用端部专用构件,通过螺栓和金属压块固定,金

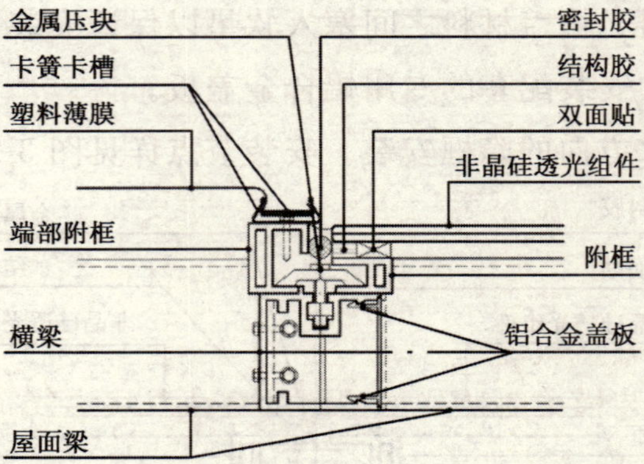

图 3-26　薄膜在光伏组件上方安装节点

(图 3-23 之(3-3)剖面)

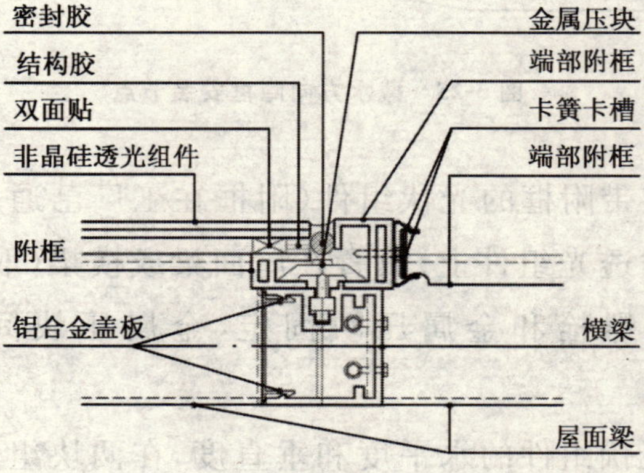

图 3-27　薄膜在光伏组件下方安装节点

(图 3-23 之(5-5)剖面)

属压块间距不大于 300 mm。温室的覆盖薄膜一般均采用卡簧卡槽固定，当覆盖薄膜位于光伏组件上方时，需将卡簧卡槽通过螺栓固定在端部附框上方；当覆盖薄膜位于光伏组件下方时，需将卡簧卡槽通过螺栓固定在端部附框侧方，避免节点处高差阻塞屋面雨水排放。

②施工规则。

a. 光伏组件及温室其他透光覆盖材料安装前应将尘土和污物擦拭干净。

b. 安装横梁时要严格按图纸确认每块透光覆盖材料的安装位置，一般从顶部由上至下进行。

c. 安装过程中拉线相邻板面的平整度和板缝的水平、垂直度，用木板模块控制缝的宽度；安装时应先就位，临时固定，然后拉线调整；安装过程中，如缝宽有误差，应均分在每条胶缝中，防止误差积累在某一条缝中或某一块面上。

d. 根据屋面透光覆盖材料和光伏组件的铺设组合形式，选择合适的安装节点，完成光伏温室屋面覆盖材料的安装。

e. 光伏温室屋面四周与主体结构之间的缝隙，应该用防火保温材料填塞，内外表面用密封胶连接密封，保证接缝严密不漏水。

f. 光伏温室屋面工程应在施工完毕后，进行一次内、外全面彻底清洗，保证工程能圆满达到竣工验收要求。

3. 系统维护

(1)人员培训

光伏温室发电系统交付使用前，设计或施工单位应对光伏温室管理及操作人员进行培训，使其了解和掌握光伏发电系统的基本工作原理和各设备的功能。

培训内容应包含系统工作原理和各设备的功能、系统的设计要点、关键参数、各种设备的操作、常见故障及其排除方法等。

培训结束时，管理和操作人员应达到按要求进行光伏温室的日常维护工作，同时具有能判断一般故障的产生原因并能正确解决的能力。

(2)一般规定

a. 光伏温室系统竣工验收合格后，方可交付用户，进入日常运行状态。

b. 光伏温室系统交付使用前，光伏温室系统设计单位应协助用户建立光伏温室系统的管理制度，编写使用操作手册、日常检查和巡检的内容及其指导说明，并对各项条文详细说明。

c. 用户自行检查的项目应不涉及带电体和潜在带电体、设备。

d. 应至少每年进行一次对光伏系统、锚固结构等全项目的检查。当发生极端气象灾害前应进行全面加固，发生后必须进行全面检查。

e. 系统运行发生异常时，应由专业维修人员或在其指导下进行处理，主要设备和控制装置应由专业人员维修。

f. 发电计量装置与数据传输设备应按规定定期进行校验。

g. 所有记录，特别是专业巡检记录应存档妥善保管。

(3)维护管理

①光伏屋面。

a. 在少雨或风沙较大的地区，应定期清洗，清洗时应先用清水冲洗，然后用干净的柔软布料将水迹擦干，切勿用有腐蚀性的溶剂冲洗，或用硬物擦拭。光伏组件清洗应避免在太阳辐射较强时进行。

b. 定期检查光伏组件间连线是否可靠、牢固，连线是否接地并检查连线是否绝缘。

c. 检查光伏组件及其他透光覆盖材料是否有损坏或异常，如破损或因热斑损坏等；及时更换，并详细记录其在光伏屋面具体安装分布位置。

②控制及逆变器。

a. 定期检查控制器、逆变器与其他设备的连线是否牢固，检查控制器、逆变器的接地连线是否牢固。

b. 检查控制器的运行工作参数与设计值是否一致，如不一致应按要求进行调整。

c. 检查控制器显示值与实际测量值是否一致，以判断控制器是否正常。

③防雷接地。

a. 组件接地连接可靠。

b. 支架接地连接可靠。

c. 电缆金属外皮与接地系统的连接可靠。

d. 温室防雷保护器是否失效，按需要进行更换。

e. 定期检查各功率调节设备与接地系统是否连接可靠。

f. 定期测量接地装置的接地电阻值是否满足设计要求。

g. 在雷雨过后或雷雨季到来之前，检查方阵汇流盒以及各设备内安装的防雷保护器是否失效，并根据需要及时更换。

（六）光伏温室运行效益分析

温室园艺作为技术密集型产业，其初始建设投资相对较高；光伏发电也面临着相同的状况。因此，投入成本及经济效益是影响光伏温室技术推广的重要因素。选用上文日光温室案例分析中所得的光伏温室为分析对象，参照国家相关标准定额，对其进行投入产出的经济效益估算，从而更好地了解和掌握光伏温室的技术经济特点，有助于技术的推广。

1. 建设投资

光伏温室的建设投资可分为土建投资和设备投资两部分。其中土建投资主要是针对载体温室部分，包括温室的基础、钢骨架、墙体等；设备投资主要包括卷帘机、保温被、塑料薄膜、光伏组件系统等。具体详细科目，参见表 3-6。

表 3-6　光伏温室建设投资估算

科目	单位	数量	单位造价/元	投资/万元	备注
土建投资				14.5	
骨架系统	t	4.5	10 000	4.5	热镀锌钢骨架，用于支撑覆盖材料及光伏组件
墙体	m^3	200	325	6.5	砖墙，包括后墙及两侧山墙
基础	m^3	70	358	2.5	砖混基础，素砼垫层
后屋面	m^2	168	60	1.0	GMC 后屋面板
设备投资				13.6	
光伏组件	W_p	11 100	10	11.1	每块组件 100 Wp，单价已考虑国家 50%补贴
塑料薄膜	m^2	720	2.8	0.2	一般每两年需更换一次
卷帘保温系统	套	1	15 000	1.5	包括卷帘机、保温被等
灌溉系统	套	1	3 000	0.3	水泵、滴灌装置
人工通风系统	套	1	3 000	0.3	人工扒缝装置
照明系统	套	1	2 000	0.2	
合计				28.1	

2. 运行费用

光伏温室日常生产运行成本主要包括折旧、种子、人工、化肥、农药等费用，具体参见表 3-7。

3. 生产效益

光伏温室的产出包括发电及蔬菜产品，效益指标见表 3-8。

表 3-7 光伏温室运行成本估算

科目	费用/万元	备注
人工费	1.2	1人
种子	0.3	一茬500元,一年约6茬
化肥农药	0.2	
农膜更换	0.1	每两年更换一次
折旧	1.8	按直线法平均计算,计算时先扣除残值(取原值的5%)。按15年进行折旧
合计	3.6	

表 3-8 光伏温室效益估算

科目	收入/万元	备注
发电	1.0	年可发电约2.01万kW·h
蔬菜	4.8	一茬8 000元,一年约6茬
合计	5.8	

根据估算,1栋光伏日光温室年运行效益约2.2万元,投资回收期约12.8年。作为一种新兴的设施技术模式,光伏日光温室已能做到盈亏平衡,并略有盈余。可以预见,随着国家支持力度的加大,光伏温室产业的效益将进一步增大,产业前景良好,因此,值得推广。

四、光伏水泵提水节水技术

在近代开发利用太阳能的早期，人们就十分重视太阳能水泵的研制利用。1615 年，世界上第一台太阳能动力机就是一部抽水机；1901 年，在美国加州建成一台每分钟抽水 5 300 L 的太阳能水泵。以后，在世界各地又陆续建成一批太阳能水泵，这些水泵都是热动力泵。1975 年，光伏水泵面世，批量投入生产，使用数量日益增多，大有取代太阳能热动力水泵之势。

太阳能热动力泵按工作温度划分有低温、中温和高温三类。到 1981 年，全世界已安装太阳能热动力水泵 100 多台，这些水泵主要分布在第三世界国家。1980 年，非洲曾计划建造 5 000 台太阳能热动力水泵，印度计划在 1985 年前兴建 2 000 座太阳能热动力水泵。美国也计划建造 1 000 个太阳能热动力灌溉系统。法国有几家公司生产太阳能热动力水泵，能提供 6～83 kW 水泵系列产品，但太阳能热动力水泵系统复杂，制造成本高，广泛应用受到限制。

1980 年以后，联合国开发署、世界银行等国际组织经过论证，确认光伏水泵的先进性、合理性和良好发展前景，从而大大推动了光伏水泵的应用。一些工业发达国家推出了一批光伏水泵产品,其中丹麦的一家公司在世界各地销售了数千台光伏水泵。目前,全世界已有数万台光伏水泵在各地运行。印度计划在现有 4 000 台光伏水泵的基础上,政府给予补贴,再推广安装 50 000 台光伏水泵。

中国在 1980 年开展了太阳能热动力水泵的研究,试制成平板集热器型低温太阳能热动力水泵,采用隔膜泵抽水,晴好天气,每天可抽水 3～7 吨,扬程达 18 米。同时,也开展了中温太阳能水泵的研制。在北京还建成由德国提供的风能、太阳能热动力混合式水泵一台,功率为 3 kW。在 1990 年,中国开展了光伏水泵的研究,先后试制成百瓦级和千瓦级光伏水泵,并建立了光伏水泵生产企业,能批量生产百瓦级光伏水泵。目前,中国研制的 2.5 kW 光伏水泵正在新疆运行。西藏无水草场面积巨大,光伏水泵的潜在市场需求数量可观,应用前景广阔,狮泉河、日土、改则、尼玛、扎囊等地建成 6 座光伏水泵系统,除解决草场灌溉外,还解决了本地区的人畜饮水问题,结束了依靠人力背水的历史,极大地解放了劳动力。

光伏水泵亦称太阳能水泵,近年来它愈来愈被人们确认是当今世界上阳光丰富地区,尤其是缺电无电的边远地区最具吸引力的供水手段,利用随处可取、取之不竭的太阳能实现高经济性和高可靠性的供水。水泵全自动地日出而作,日落而息,无需人员看管,维护工作量可降至最低,是理想的集经济性、可靠性和环保效益为一体的绿色能源高技术产品。其基本原理是利用太阳电池将太阳能直接转换为电能，然后驱动各类电动机带动水泵从深井、江、河、湖、塘等水源提水。它具有无噪声、全自动（日出而作，日落而息）、高可靠、供水量与蒸发量适配性好（“天大旱，它大干”）等许多优点。联合国国际开发署（UNDP）、世界银行（WB）、亚太经合（ESCAP）等国际组织先后充分肯定了它的先进性与合理性，目前在这些国际组织的支持下，全世界已有数万台不同规格的光伏水泵在不同地区和国家运行，特别是在亚、非、拉及中东等发展中国家，已为许多贫困地区的人民带来相当可观的经济效益，加速了这些地区的脱贫步伐。由于光伏水泵系统从技术上说是一个比较典型的“光、机、电一体化”系统，它涉及太阳能的采集、变换及电力、电子、电机、水机、计算机控制等多个学科的最新技术，因此已被许多国家列为优先发展的高新技术和进一步发展的方向，中东、非洲有不少国家更是期望依借太阳能水泵及省水微灌、现代化农业等新技术在地下水资源比较充裕的干旱地区把家园改造为绿洲。

光伏水泵系统是近若干年来迅速发展起来的光机电一体化系统，它利用太阳电池发出的电力，通过最大功率点跟踪以及变换、控制等装置驱动直流、永磁、无刷、无位置传感器、定转子双塑封电机或高效异步电机或高速开关磁阻电机带动高效水泵，将水从地表深处提至地面供农田灌溉或人畜饮用。

从设计到制造涉及电气、机械、电力电子、计算机、控制等多个学科的近代技术，为发展现代农业、节能、环保等提供了极其良好的手段。本系统具有良好的长效经济性，特别是和常见的柴油机抽水相比较，具有压倒的经济性优势。发展这种新型环保节能产品无疑将会对发展产业、发展经济，特别是发展干旱地区的现代农业，带来巨大良好的经济效益和社会效益，它特别符合建设“资源节约型”及“环境友好型”社会的发展战略。光伏水泵利用太阳能，在无需任何外来能源的情况下可以机动灵活地用于农田灌溉、提供洁净人畜饮水、发展庭院经济、美化园区、构造彩色喷泉、为养鱼、养虾池增氧、海滨盐场供排水等。光伏水泵系统作为一个刚刚崭露头角的产业，十分符合我国可持续发展的战略。

太阳能电池中将光能转化为电能的装置称为“光伏器件”，太阳能光伏水泵就是利用“光伏器件”发的电作为普通潜水泵的电源，进行抽水灌溉作业，它将太阳能电池和潜水泵这两种设备成功地结合在了一起。这种水泵有三大优点：一是安装简便，可放置在手推车上，便于移动；二是使用寿命长，一块太阳能电池板使用寿命可达 25 年，一次性投入后，可以长久地使用；三是节约能源，它只需要阳光，不需消耗任何常规能源，西北山区日照充足，太阳能资源丰富，是使用这种水泵的理想地区。长期以来，干旱少雨和缺水问题一直制约着西北山区农业生产和农村经济的发展，近年来，随着雨水集流工程等小水利的建设，西北山区在寻找水源方面发展很快，但由于电力基础设施建设滞后和电费负担过重，电力问题已成为这些地区农业灌溉的一大难题，太阳能光伏水泵的研制成功，使西北山区丰富的太阳能源得到充分利用，为解决这一难题提供了出路。太阳能提水系统可用于一切有太阳光照的陆地上，更适用于有水缺电地区，如：沙漠治理、农业灌溉、林业浇灌、草原畜牧、海水淡化、生活用水、景区喷泉、水处理工程等。

（一）光伏水泵的主要类型及作用

1. 光伏水泵的分类

光伏水泵分为控制（逆变）型光伏水泵和直流光伏水泵两大类，两种类型又分别包含有储能元件和无储能元件两种形式。

逆变型光伏水泵主要应用在大中型系统中。直流光伏水泵主要应用在小型或家庭用水系统中。

直流光伏水泵的特点是效率高、结构简单，在现代电力电子技术支持下的无刷直流电动机使得直流太阳能光伏水泵的使用寿命可以达到数万小时。它的缺点是目前功率还不能够做得比较大，千瓦级以上的光伏水泵仍然是交流电动机驱动的。

目前广泛使用的是控制（逆变）型光伏水泵，它的特点是可以利用现成的交流水泵，在太阳能光伏电池和交流水泵之间增加一个控制逆变器，这样的结果是交流水泵维修更换方便，易于普及。

由上述分类可以看到，所有的光伏水泵都分为有储能装置和无储能装两种形式，蓄电池是目前最理想的储能装置，它的作用通常并不是为了在太阳辐射条件不好的时候抽水，因为这时可以利用蓄水池里面的水，因为储存水远比储存电便宜得多。蓄电池的作用有两个：一是蓄电池可以提供电动机需要的大的启动电流；二是由于蓄电池的自动钳位作用，可以比较容易使得系统完成太阳电池的最大功率点跟踪。但是使用蓄电池也有诸多缺点：a. 绝大多数的蓄电池需要定期保养维护；b. 必须稳定地保护蓄电池以防过度充电或过度放电；c. 使用寿命有限；d. 价格高昂；e. 降低了系统的可靠性，有些系统必须要求有非常高的可靠性；f. 蓄电池的充电、放电效率低，一般只有80%。

2. 直流光伏水泵的工作原理与特点

直流光伏水泵按照工作原理分类可分为有刷直流光伏水泵、无刷电机式直流光伏水泵和无刷磁力驱动隔离式直流光伏水泵三种形式。

（1）有刷直流光伏水泵

有刷直流光伏水泵，工作时线圈和换向器旋转，磁钢和碳刷不转，线圈电流方向的交替变化是随着电机转动的换向器和电刷来完成，只要电机转动碳刷就会产生磨损，光伏水泵运行到一定的时候，碳刷磨损间隙变大，声音也会随之增大，连续运行几百小时之后碳刷就不能起到换向的作用了。其最大的优点是价格低廉。

(2)无刷电机式光伏水泵

无刷电机式直流水泵是采用无刷直流电机加上叶轮之后组成的。电机的轴与叶轮连在一起,水泵的定子和转子之间是有间隙的,使用时间长了水会渗透进入电机里面导致电机很容易烧坏。其优点是无刷直流电机已标准化,有专门的厂家大批量生产,成本比较低,效率高。

(3)无刷磁力驱动隔离式直流光伏水泵

为了提高光伏直流水泵的防水性能,直流光伏水泵中有一种磁力隔离式水泵,它特别可靠。无刷直流水泵采用了电子组件换向,无需使用碳刷换向,采用高性能耐磨陶瓷轴及陶瓷轴套,轴套通过注塑与磁铁连成整体也就避免了磨损,因此无刷直流磁力式水泵的寿命得到大大增强。磁力隔离式水泵的定子部分和转子部分完全隔离,定子和电路板部分采用环氧树脂灌封,100%防水,转子部分采用永磁磁铁,水泵机身采用环保材料,噪声低,体积小,性能稳定。可以通过定子的绕线调节各种所需的参数,可以宽电压运行。这种水泵的优点是寿命长、噪声低(可达 35 dB 以下)、可用于热水循环;电机的定子和电路板部分采用环氧树脂灌封并与转子完全隔离,可以水下安装而且完全防水;水泵的轴心采用高性能陶瓷轴,精度高,抗震性好。

(二)光伏水泵的结构与工作原理

1.系统的基本构成

光伏水泵系统主要由四部分组成:光伏阵列、控制器、电机和水泵。

(1)太阳电池组件

光伏阵列是由众多的太阳电池串、并联构成,其作用是直接把太阳能转换为直流形式的电能。目前用于光伏水泵系统的太阳电池多为硅太阳电池,其中包括单晶硅、多晶硅及非晶硅太阳电池。太阳电池输出的最大功率就是它的额定功率。

(2)最大功率点跟踪/控制(逆变)器

由于太阳电池组件的输出伏安特性曲线具有强烈的非线性,而且和太阳辐照度、环境温度、阴、晴、雨、雾等气象条件有密切关系,其输出随日照而变化的是直流电量,而作为太阳电池组件负载的光伏水泵,它的驱动电机有时是直流电机,有时是交流电机,甚至还有其他新型电机,它们同样具有非线性性质。在这种情况下要使光伏水泵系统工作在比较理想的工况,而且对于任何日照,都要发挥太阳电池组件输出功率的最大潜力,这就要有一个适配器,使电源和负载之间能达到和谐、高效、稳定的工作状态。适配器主要由最大功率点跟踪器、逆变器以及一些保护设施等组成。

①最大功率点跟踪器(MPPT)　太阳电池组件在不同太阳辐照度下输出最大功率点位置并不固定，而且当环境温度发生变化时，相应于同一辐照度的最大功率点位置也将变化。为了实现最大功率点跟踪，以获取当前日照下最多的能量，MPPT 通常做成两种形式，即恒定电压式最大功率点跟踪器(CVT 式 MPPT)和真正的 MPPT。

a. 恒定电压式最大功率点跟踪器(CVT 式 MPPT)。表示最大功率输出的圆黑点——最大功率点的位置，它们都坐落在 $U_{max}=$const 的直线附近，特别是日射比较强时离 $U_{max}=$const 更近，环境温度升高时，在同一日射条件下其开路电压 U_{OC}将减小，短路电流 I_{sc}将伴有微小增大，再考虑到太阳辐射高时一般都具有较高环境温度，而太阳辐射低时环境温度一般都要低一些的特点，结合太阳电池的温度特性，它们刚好都有利于使一日内最大功率点的轨迹更逼近于一根垂直线 $U_{max}=$const，这就是说，在工程上允许人们把最大功率点出现的轨迹近似地处理为一根垂直线 $U_{max}=$const，这就构成 CVT 式 MPPT 的理论根据。

CVT 式 MPPT 有其不足之处，主要是因为光伏阵列的开路电压 U_{oc}、最大功率点电压 U_{max}受温度的影响较大，U_{max}一旦设定，冬、夏会有较大偏离，这将会无谓地损失相当一部分能量，因此人们在当今微机芯片(性能/价格)提升以及其实时性能不断提高的情况下，已开始着手采用真正的“MPPT”技术。

b.“真正的MPPT”技术。在“真正的MPPT”技术中，人们采用了自寻优的概念，实时地测量光伏阵列的输出功率，进行比较后，自动地寻找到最大功率点。不断地寻找，不断地调整，不断地再寻找……如此周而复始，系统一直处于细微的调整之中。这种“真正的MPPT”可以自动适应冬、夏较大的温差而不需人工干预，十分有利于提高系统的全年效率。

②变频逆变器　太阳电池组件通过最大功率点跟踪器以后的输出是直流电压，如果水泵所用驱动电机是直流电动机，当然就可以在二者电压值相适配的情况下直接连接，电动机将带动水泵扬水。例如美国Solarjack公司早年的产品就是这样。由于直流电动机的造价一般较高，还需要定期维护或更换电刷，近年来，由于新型调速控制理论及新型功率电子器件问世和技术进步，使交流调速技术有了长足的发展，其效率已逐步赶上直流电动机，而其使用的方便性和牢固性却远远超过直流电动机，因此有刷直流电动机的驱动方式渐呈被淘汰之势，而取而代之的主要是高效率的三相异步电动机及直流无刷电动机，也偶有采用永磁同步电动机或磁阻电动机的。后几种电动机的驱动都要靠专用的变频装置或相应的电力电子驱动电路。这里以三相异步电动机的驱动为例说明其驱动的基本原理。

交流驱动常分为方波驱动(含阶梯波驱动)及正弦波驱动两大类。一般说功率较小的光伏水泵系统(300 W以下)采用方波驱动的为多，功率较大时为限制其谐波损耗，常采用正弦波驱动。不论采用何种驱动，其基本电路结构都可分为以下四部分，即开关电源部分、主电路及其驱动电路、控制电路和保护电路。

a. 开关电源部分。它的作用是为控制器提供电源。控制器往往需要±5V或±12V等控制电源，而太阳电池组件的输出电压在绝大部分情形下是不可能直接为此所用，因此需要一个DC/DC变换装置，把太阳电池组件的直流电压变换为控制器所需的直流电压，这就是开关电源。

b. 主电路及其驱动电路。作为主电路的三相逆变电路的主要元件为功率电子器件，它们构成了全桥式逆变电路，大容量的电解电容作为储能元件直接跨接在直流侧两端，当逆变电路关断时，太阳电池方阵向电容充电，当逆变电路导通时，电容和太阳电池方阵一同为负载供电，如图4-1所示。

驱动电路的设计与制作应精心进行，在使用功率MOsFET时要可靠地使栅极驱动电路具有良好的性能。

c. 控制电路。目前许多光伏水泵的控制电路已经采用先进的单片微机技术，经过了MSC-51系列、MCS-96系列等发展过程，最近更推出了比较令人满意的8XC196系列，其中包括专门用于电机调速的80C196MC系列，它除了具有8XC196系列的许多共有特点外，还具有特别适合于电动机驱动的特点，通过汇编语言的程序设计，在该系统中主要完成以下功能：

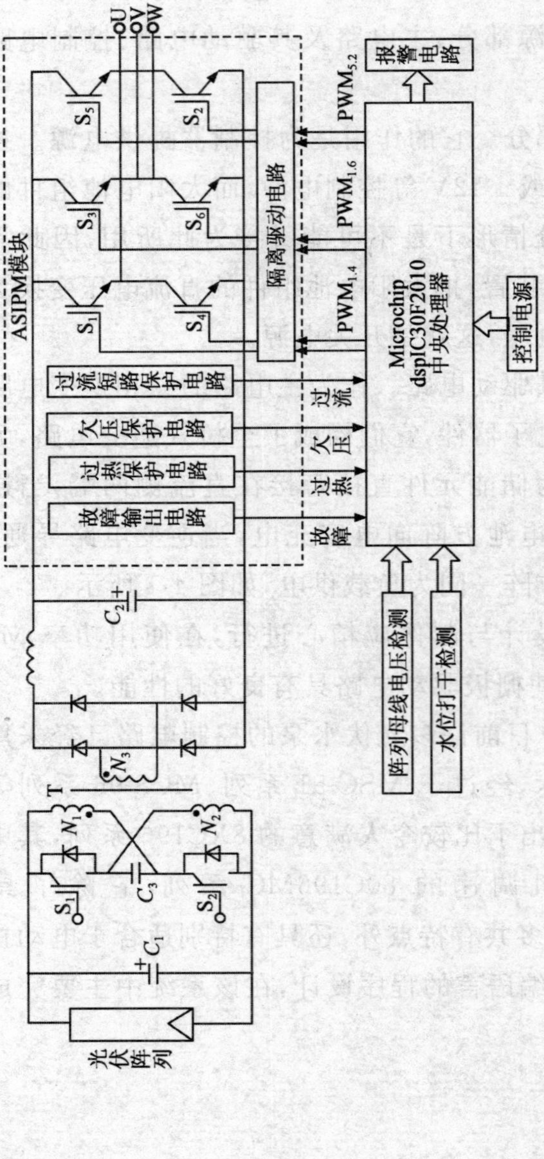

图 4-1　主电路及硬件构成

——完成系统要求的过流、欠压、低速、井水打干保护等保护功能、显示故障状态；

——检测主回路直流侧的电流、电压，计算出太阳电池方阵的输出功率，完成在变频调速过程中对太阳电池组件输出最大功率点的跟踪；

——按磁链追踪或其他相应的变频调速原理，发送 SP-WM 信号。

d. 保护电路。出于对系统安全运行的考虑，需要设置诸如过电流、过电压、过负荷、过低负荷、欠电压、井水打干、停机后在各种条件下的自启动等许多保护环节，要根据所选用的控制器件、控制电路，因地制宜地把它们设置到电路中去。由于光伏水泵在绝大多数情况下都是“日出而作，日落而息”，全自动地工作，因此必须采用十分可靠的保护措施。

一套合格的逆变器要求应具备以下功能：a. 适用于采用三相异步电机的水泵；b. 输出电压采用优化正弦 PWM 控制方式；c. 多种运行模式和 MPPT 控制方式可选；d. 可以根据实际系统情况自由设定水泵调速范围；e. 可选配上下水位检测与控制电路；f. 具备防雷、过压、欠压、过流、过载等保护功能；g. 防护等级 IP41（额定功率小于 18.5 kW 机型）；h. 使用环境温度：$-10℃\sim+50℃$。

(3)电机和水泵

光伏水泵系统的一切措施都是为了能稳定、可靠地多出水，或者说最后都要落实在电机、水泵的工作上，它们往往构成一个总成件，这个总成件要求有最大限度的可靠性及高效率。对于光伏水泵而言，电机和水泵的搭配并不像常见的电机和水泵搭配那样“随便”，由于电机的功率等级、电压等级在很大程度上受到太阳电池组件的电压等级和功率等级的制约，因此对水泵扬程、流量的要求被反映到电机上时，往往必须在兼顾太阳电池组件结构的条件下专门进行设计。出于不同用户的不同要求，光伏水泵用驱动电机有不同电压等级的传统直流电动机、直流无刷永磁电动机、三相异步电动机、永磁同步电动机、磁阻电动机等。从目前的使用情况看，以三相异步电动机及直流无刷电动机为最多，大功率系统仍以高效三相异步电动机为主。在进行电机设计时要充分考虑到光伏水泵的变频运行、负载率早晚变化较大等具体运行条件，在这种情况下要力争使电动机全日、全年的总平均效率为最高，它不像普通电动机那样可以认为它是一直处于具有恒定电压的电源带动下工作的。

光伏水泵系统中水泵的选择与设计也甚有特点。根据用户对流量、扬程的不同要求，按经济性、可靠性大致可按以下原则选择泵型：要求流量小、扬程高的用户，宜选用容积式水泵；要求流量较大，且扬程也较高的用户，宜选用潜水式水泵；需要流量较大，但扬程却较低的用户，一般宜采用自吸式水泵。

2.光伏水泵系统的效率及特性

系统效率可以是瞬时系统效率，也可以是小时平均系统效率、日平均系统效率、月平均系统效率、季度平均系统效率、年度平均系统效率等。计算这些效率时要注意在上述定义公式中，分子与分母所选的积分限为相同的小时、日、月、季度或年，而常易混淆的是诸如把日平均效率看成是小时平均效率的算术平均值，或把月平均效率看成是一月内各天日平均效率的平均值。

商品化光伏水泵系统的系统效率，一般在1%～6%的范围内不等。产品的质量参差不齐，更由于系统效率中包含了太阳电池组件的效率，仅根据系统效率难以判断逆变器、机泵总成件等主要部件的效率情况，因此市场上通常把太阳电池组件的效率排除在外，给出一个“机泵系统效率”，这里“系统”二字的含意是已把MPPT、变频逆变器的效率考虑在内。从目前世界市场的产品情况看，机泵系统效率相差很大，高的可达60%左右，低的仅10%左右。当然，功率等级不同、泵型及电动机类型不同都会有不同的效率范围，在保证其可靠性的前提下要认真推敲其一定年限内的性能/价格比。

光伏水泵系统的日扬水量受天气（主要是日照）的影响很大，很难给出具体结果，只能根据某一具体时日的具体日照分布给出相应的系统工作状况。如某一光伏水泵系统，其开始扬水（相应于扬程为某一定值时）的太阳辐照度约是420 W/m^2

(时间大概是早上7:50),人们称该“420 W/m^2”为该系统在扬程等于该一定值下的“扬水阈值”。扬水阈值是衡量一个光伏水泵系统工作状况的重要指标,它既取决于光伏水泵系统质量的优劣,也取决于配用太阳电池阵列容量的大小,同一系统在相同的阵列容量及扬程下,阈值愈小愈好,这意味着水泵早打水,多打水。

为了进一步发展、改进光伏水泵系统的设计、制造及试验,我国已经推出了相应的系统仿真、系统CAD及优化配置等软件包。

(三)光伏水泵系统设计

1.光伏水泵系统的结构图

光伏水泵系统的组成结构如图4-2所示。系统利用太阳电池阵列将太阳能直接转变成电能。经过DC/DC升压,和具有TMPPT功能的变频器后输出三相交流电压驱动交流异步电机和水泵负载,完成向水塔储水功能。其中主要包括4部分:太阳电池阵列;具有TMPPT功能的变频器;水泵负载;储水装置。

2.变频器主电路及硬件构成

本系统所采用的主电路及硬件控制框图如图4-1所示。主电路DC/DC部分采用性能优越的推挽正激式电路进行升压;DC/AC部分采用三相桥式逆变电路。主功率器件采用

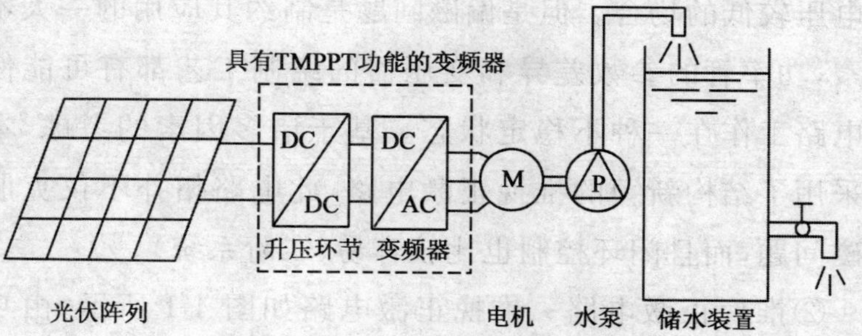

图 4-2 光伏水泵系统结构图

ASIPM(一体化智能功率模块 PS12036),系统控制核心由 16 位数字信号控制器 dsPIC30F2010 构成。外围控制电路包括阵列母线电压检测和水位打干检测电路。系统首先通过初始设置的工作方式和 PI 参数工作,然后由 MPPT 子程序实时搜索出的电压值作为内环 CVT 的给定,通过 PI 调节得到工作频率值,计算出 PWM 信号的占空比,实现光伏阵列的真正最大功率跟踪(TMPPT),并保持异步电机的 V/f 比为恒值。系统将 MPPT 和逆变器相结合,利用 ASIPM 模块自带的故障检测功能进行检测和保护,结构简单,控制方便。

(1)DC/DC 升压电路

①主电路选择。对于中小功率的光伏水泵来说,光伏阵列电压大都是低压(24 V、36 V、48 V),对于升压主电路的选择,人们一般选择推挽电路,因为推挽电路变压器原边工作电压就是直流侧输入电压,同时驱动不需隔离,因此比较适合输

入电压较低的场合。但是偏磁问题是制约其应用的一大不利因素，功率管的参数差异和变压器的绕制工艺都有可能使推挽电路工作在一种不稳定状态。基于诸多因素的考虑，本系统采用了结构新颖的推挽正激电路，此电路拓扑不仅克服了偏磁问题，而且闭环控制也比较容易(二阶系统)。

②推挽正激电路。推挽正激电路如图 4-1 所示，由功率管 S_1 及 S_2，电容 C8 和变压器 T 组成，变压器 T 原边绕组 N_1 及 N_2 具有相同的匝数，如图 4-1 所示。当 S_1 及 S_2 同时关断的时候，电容 C_8 两端电压下正上负，且等于阵列电压；当 S_1 开通，S_1、N_2 和光伏阵列构成回路，N_2 上正下负，同时 C_8、N_1 和 S_1 构成回路，C_8 放电，N_1 下正上负，此时的工作相当于两个正激变换器的并联。同理，当 S_2 开通 S_1 关断时，也相当于两个正激变换器的并联。经过理论分析，推挽正激电路是一个二阶系统，因此闭环控制简单，同时输出滤波电感和电容大大减小。

(2)中央处理器 dsPIC30F2010

Microchip 公司通过在 16 位单片机内巧妙地添加 DSP 功能，使 Microchip 的 dsPIC30F 数字信号控制器(DSC)同时具有单片机(MCU)的控制功能以及数字信号处理器(DSP)的计算能力和数据吞吐能力。因为它具有的 DSP 功能，同时具有单片机的体积和价格，所以本系统采用此芯片作为控制器。此芯片主要适用于电机控制，如直流无刷电机、单相和三相感应电机及开关磁阻电机，同时也适用于不间断电源（UPS）、逆变器、开关电源和功率因数校正等。dsPIC30F2010 管脚示意如图 4-3 所示。

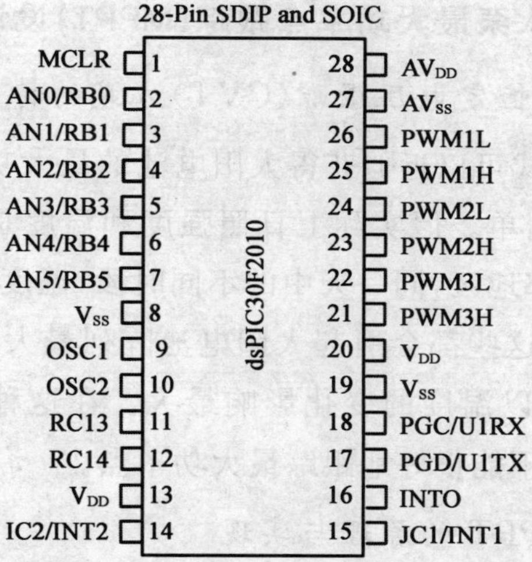

图 4-3　dsPIC30F2010 引脚图

处理器包括 12KB 程序存储器、512 字节 SRAM、1 024 字节 EEPROM、3 个 16 位定时器、4 个输入捕捉通道、2 个输出比较/标准 PWM 通道、6 个电机控制 PWM 通道、6 个 10 位 500kspsSA/D 转换器通道。

处理器具有以下主要特点：

——A/D 采样速度快且多通道可以同时采样；

——6 个独立/互补/中心对齐/边沿对齐的 PWM；

——2 个可编程的死区；

——在噪声环境下 5V 电源可正常工作；

——最低工作电压 3V；

——A/D 采样和 PWM 同期同步。

3. 光伏水泵最大功率点跟踪(MPPT)设计

(1)常规恒定电压跟踪(CVT)方式的特点与不足

CVT 方式可以近似获得太阳电池的最大功率输出，软件上处理比较简单。但实际上日照强度和温度是时刻变化的，尤其是在西部地区，同一天中的不同时段，温度和日照强度变化都相当大，这些都会引起太阳电池阵列最大功率点电压的偏移，其中尤以温度的变化影响最大。在这种情况下，采用 CVT 方式就不能很好地跟踪最大功率点。

(2)TMPPT 的原理与实现

为克服 CVT 方式弊端，提出了 TMPPT(True Maximum Power Point Tracking)概念，其意思是“真正的最大功率跟踪”控制，即保证系统不论在何种日照及温度条件下，始终使太阳电池工作在最大功率点处。由于逆变器采用恒 V/f 控制，故水泵电机的转速与其输入电压成正比，因此，调节逆变器的输出电压，就等于调节了负载电机的输出功率。故本系统采用 TMPPT 方式使太阳电池尽可能工作在最大功率点处，为负载提供最大的能量。

图 4-4 为 TMPPT 型最大功率点跟踪控制框图。系统的输入指令值为 0，反馈值为 dP/dU，假定 Z_3 状态为 $+1$，则

Usp^* 指令电压增加，经 CVT 环节调整，系统的输出电压 U 跟踪 Usp^* 增加，采样输出电流 I，经功率运算环节和功率微分环节，获得 dP/dU 值，如 $dP/dU>0$，则 Z_1 为 $+1$，Z_2 为 $+1$，Z_3 为 $+1$，Usp^* 指令电压继续增加。如 $dP/dU<0$，则 Z_1 为 -1，Z_2 为 -1，Z_3 为 -1，Usp^* 指令电压开始减小。稳定工作时，系统在最大功率点附近摆动，如果摆动幅度越小，则精度越高。在具体工作时，为了防止搜索方向的误判断，软件中设置了搜索限幅值，使系统的工作可靠性进一步提高。由于本系统中采用的 ASIPM 模块带有电流检测功能，故在硬件设计上可以省去电流检测电路，节约了成本，并进一步优化了外围电路。

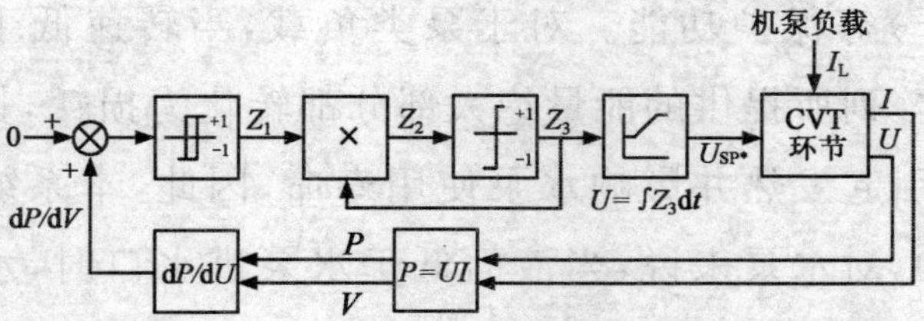

图 4-4　TMPPT 型最大功率点跟踪控制框图

(3)系统的保护功能设计

①过流和短路保护功能。由于 ASIPM 的下臂 IGBT 母线上串有采样电阻，所以通过检测母线电流可以实现保护功能。当检测电流值超过给定值时，被认为过流或短路，此时下桥臂 IGBT 门电路被关断，同时输出故障信号，dsPIC 检测到

此信号时封锁PWM脉冲进一步保护后级电路。

②欠压保护功能。ASIPM检测下桥臂的控制电源电压，如果电源电压连续低于给定电压1OMs，则下桥臂各相IGBT均被关断，同时输出故障信号，在故障期间，下桥臂三相IGBT的门极均不接受外来信号。

③过热保护功能。ASIPM内置检测基板温度的热敏电阻，热敏电阻的阻值被直接输出，dsPIC通过检测其阻值可以完成过热保护功能。

以上保护是利用了ASIPM自身带有的功能，无须外加电路，进一步简化了硬件电路设计。系统除了具有上述保护功能外，还具有光伏水泵系统特有的低频、日照低、打干（自动和手动打干）等保护功能。对于泵类负载，当转速低于下限值时，光伏阵列所提供的能量绝大部分都转化为损耗，长期低速运行，会引起发热并影响水泵使用寿命，因此，本系统设计了低频保护，对水泵来说，当液面低于水泵进水口时，水泵处于空载状态，若不采取措施，长时间运行则会损坏润滑轴承，而本系统为户外无人值守工作方式，故系统为了增加检测可靠性，采用了自动打干和手动打干两种识别方式，其中，自动打干是根据系统输出功率和电机工作频率来进行判别；手动打干则是通过水位传感器识别当前水位高低来实现的。由于低频、日照低、打干等功能都是由软件来完成，无需增加硬件电路，故系统结构简单。

4.水泵的选型

(1)水泵的工作位置

①水泵、电动机均置于水中。泵和电动机均置于水中,通常称其为潜水泵。水流自动填充,并且运行安全,也不易遭窃,这是目前应用最广泛的形式。

②水泵在水中,电动机在水外。仅将泵置于水下,电动机通过软轴和水泵连接,提供能量。这样的配置比较容易对电动机进行保养维修,但却带来了稳定可靠性和工作效率方面的问题。

③水泵、电动机均漂浮在水面。这种装置不适合水井,但是非常适合水坝、沟渠和敞开口井的抽水。

(2)光伏水泵

光伏系统的泵主要分为两大类,离心泵和容积泵。

①离心泵。离心泵有一个转动的叶轮可使水成放射状流向泵壳。通过叶轮驱动,使水的动能增加,然后通过压力即将能量转换成势能。当水离开泵时,造成水的截面增加,同时水的速度减少。根据能量守恒定律,水的势能必然要增加。其运行原理如图 4-5 所示。

离心泵的另一个优势是机械设计简单,可靠性高,成本低,可接受抽取微小颗粒和低启动扭力,所以,它对水的质量要求不高。

单级离心泵的扬程只有 25 m,要求更高的扬程则需要用

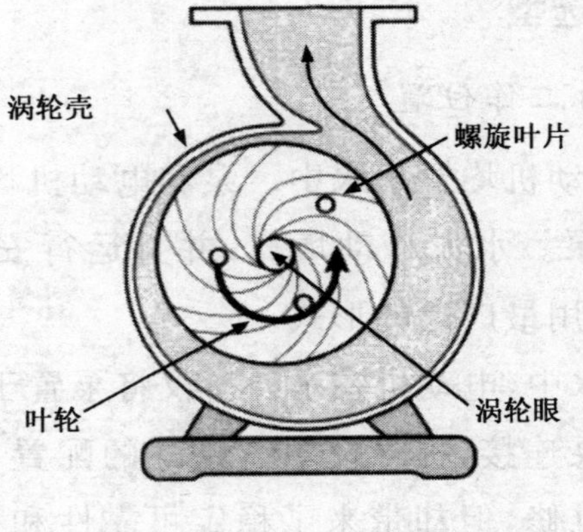

图 4-5 离心泵的工作原理

多级离心泵,这样的多级离心泵可以达到 500 m 以上的扬程。

②容积泵。容积泵为另一大类型常用的水泵,特别适合于深井中低速率抽水。这一大类型的水泵包括:活塞泵、隔膜泵、螺旋类泵等。较为流行的螺旋泵就是属于一种改进型的容积泵,如图 4-6 所示。

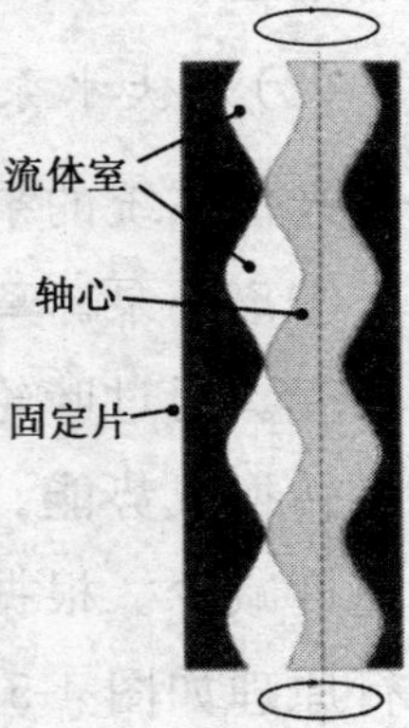

图 4-6 螺旋泵

③叶片泵。叶片泵主要用在低流量的场合。图 4-7 为叶片泵的工作原理:在离心力的作用下使得叶片向外滑动,并且和泵壳形成密封的“胶囊”包裹着液体,叶片泵的转动使得水从低位升到高位。

以上介绍的容积泵在小型光伏泵和高扬程泵可以表现出它的优点,对于大功率的太阳能光伏水泵系统中,它的效率就显得比较低了。

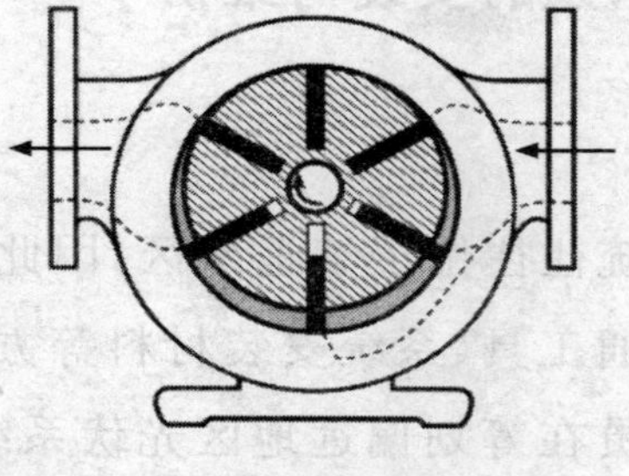

图 4-7 叶片泵

5.系统选型步骤

(1)确定水泵设计扬程和流量

根据实际净扬程(上下水位差)、平均日需求水量及当地的光照条件,计算所需水泵的设计扬程和流量。

(2)确定水泵功率及型号

根据设计扬程和流量,从水泵规格表中选定对应的型号。

(3)确定系统型号

根据水泵功率,从系统规格表中选定系统型号,确定太阳电池阵列和逆变器功率。

(4)确定逆变器型号和太阳电池组件规格

根据逆变器功率.从逆变器规格表中选定逆变器型号,并根据其输入电压的要求选定太阳电池组件的电压与接线方式。

(四)光伏水泵的安装与维护

1.安装准备

光伏发电系统往往位于偏远地区,因此设计和安装工作都会遇到诸如交通工具、系统安装材料等方面的困难。当设计人员或安装人员在筹划偏远地区光伏系统的安装时,应该计划和准备好安装所需的工具和材料。在偏远的安装现场附近可能没有专门的电气商店,因此施工前的周密计划是非常必要的。由于每个施工现场具体情况都有不同,安装人员应该在施工前先考察现场,考察时应详细列出所需工具和材料的清单。做好充分的调查.包括日照条件、气象条件、环境条件(遮光障碍物、盐害、公害、自然灾害以及鸟粪等)、水源条件和安装条件(地势、地基承载力等)。

2.安装太阳电池方阵

(1)太阳电池阵列的安装

①安装方式。

a.托架安装方式。用一个简单的托架装置,安装一个单独的太阳电池组件。具体做法是将两根镀锌钢直角托架用螺钉固定在建筑的外墙和房顶,另一对与之配合的托架接在太阳电池组件框架的端部,将这两套托架连接起来,就构成一个简单、耐用,而且价格便宜的支撑系统。托架装置可做成可旋转的，以便随季节变化而调整倾角，从而优化光伏系统的性能。

b. 立柱安装方式。使用一个直接固定在地上的垂直立柱，也可安装太阳电池板。一般来说，5～7 cm 直径的钢管很适合作为这种支撑结构的材料。采用这种安装方法，也可以按季节调整倾角，以优化光伏系统的性能。

c. 地面安装方式。在地面安装太阳电池方阵时，应预先在地面制作好基座，然后将金属框架固定在基座上，最后将电池组件安装在框架上。

安装用的框架通常包括两根平行的槽状梁。用螺钉将横向支撑铝型材固定在槽状梁上，横向支撑铝型材强度要高，以防被风吹坏。将电池组件的铝制框架用螺钉固定在上下横向支撑铝型材上，方阵电池板应以预先测算的倾角固定。也可以购买或制作可调整倾角的支架装置，以便按季节调整电池板倾角。

由于混凝土中的石灰成分会腐蚀铝制材料，直接安装在混凝土基座上的金属框架应使用镀锌钢材。此外，螺钉、螺母及垫圈都应该由不锈钢材料制成，以防腐蚀。

在最终选定光伏电池方阵安装位置前，需详细评估当地的气候状况和土壤的承压能力。地面安装方式需要足够强度的基座，以避免因承压过大而造成损坏。基座同时要能经受住风吹造成的切向（横向移动）的作用力。参考当地建筑标准可以为确定基座要求提供依据。在安装前，要确保上述支撑构件满足这些标准。

d. 屋顶安装方式。在屋顶安装太阳电池方阵，有四种常用方法：支架安装、独立安装、直接安装、一体化安装。

②确定电池阵列的方位。太阳电池阵列放置朝向正南（在北半球）或正北（在南半球）时才能获得最多的太阳光。可使用指南针并考虑当地的磁偏角来确定方位角，具体的做法是：利用指南针测出南北方向后，再经过磁偏角（当地的磁偏角可从大地测量地图上查出）修正，即可获得真正的南北方向。例如：如果磁偏角为西 X°，则指南针测定的方向应顺时针方向偏 X°；如果磁偏角为东 X°，则指南针测定的方向应逆时针方向偏 X°。确定方向以后，可在施工地点划线做好标记，以此为准即可确定太阳电池阵列的南北方位。另一种确定正南方向的方法是棒影法，即当地时间（根据当地的地理经度确定）正午 12:00 时直立立杆的太阳光阴影方向即为正南方向。

③确定倾斜角度。大功率系统一般设计成固定安装方式，倾斜角与当地纬度保持一致时比较理想。也可优先考虑以用水量最大的季节来确定最佳倾斜角。为了使太阳电池阵列输出功率最佳，电池板必须与水平面有一正确的倾角，倾角应与系统安放地所处的纬度一致，通常不小于 15°。

为了避免电击伤人或损坏系统，在电池板与逆变器连接之前，应用一不透光的物体将电池板盖住，同时，为了防止在太阳电池组件有局部阴影或局部破损时而损坏其他电池组件，应给每块电池组件并联上一个旁路二极管。

④安装注意事项。

a. 选择太阳电池方阵的位置。电气设备应避免在室外不必要的暴晒，安装电气设备时应考虑到可以便捷地进行系统维护。光伏电池方阵应尽可能接近蓄电池和电能调节设备，以尽量缩短引线距离，减少线路损耗。

b. 提高电池方阵的安全性。太阳电池方阵价格贵、重量轻、体积小，容易被偷窃。需要安装保护装置，以使用特殊的螺钉安装面板，可以防止它被迅速的拆除。在通往固定支撑架的通道安装防盗门，可以提高安全性。为了防止泥沙上溅以及小动物的破坏安装高度应距离地面 1 m 左右。

c. 简单、结实、耐用的支撑框架安装结构。安装电池方阵支架的材料，要能够耐受风吹雨淋的侵蚀及各种腐蚀。镀铝型材、镀锌钢以及不锈钢都是理想的选择。方阵支架重量要轻，以便于运输和安装。支架应选用钢材或铝合金材料制造，其强度能够承受 12 级以上大风的吹刮。钢材表面镀锌、镀铝或涂防锈漆以防生锈腐蚀。表面涂漆的钢材 5～10 年后应再度涂漆，热浸镀锌钢材使用寿命一般在 20～30 年，不锈钢可达 30 年以上。连接件应采用镀锌钢材或不锈钢材。

d. 安装人员必须懂得如何测量太阳电池组件的开路电压

和短路电流。为了判断电池组件是否正常工作，测量时安装人员必须比对厂家的技术手册。开路电压的测量必须在电池组件被日光照热前进行，因为组件的输出电压会随着温度的上升而下降。短路电流的测量直接受日照强度的影响，除非能够准确测量日照强度，一般只能对太阳电池组件的输出电流特性做一个大约估计。测量时使组件平面垂直正对阳光，大部分太阳电池组件的现场测量结果，与产品说明书给出的数据差别在5%～10%以内，最好在正午日照最强的条件下测量电池组件。

当整个安装工作完成后，安装人员可以在方阵与负荷（蓄电池）连接的情况下，测量方阵的输出。当阳光照射在方阵上时，判断并测量的光照强度并与生产厂家的说明书比较，判断方阵的运行状况。

3. 安装蓄电池

(1)安装前的注意事项

蓄电池系统的安装工作应从运输开始筹划。蓄电池很重，且酸液容易泄漏。因此运输带储备电解液的蓄电池时，特别要注意安全可靠。蓄电池运达现场后，首先要检查运输中蓄电池是否发生了损坏。

(2)安装要领

使用蓄电池制造厂准备的专用连接螺钉和垫圈；选用恰当规格的蓄电池导线和熔断器；在正极导线上安装熔断器，使用不锈钢螺母、螺帽；所有蓄电池端子和接线端都用接线端盖盖上或用凡士林油、耐高温的油脂包上，以防止接线端子被酸液或酸雾侵蚀。

蓄电池室必须安装通风设备，通风器应置于足够高的地方以排放比空气轻的氢气。通风机和开关应放在蓄电池室外。在冬天最低气温不低于－10℃的地区，蓄电池可以置于室外的电池箱内。电池箱应防腐蚀，空气可以流通，其周围应设置安全栅栏。

4.安装控制器和逆变器

光伏系统控制器通常都是专用于某一系统的，除非生产厂有明确说明，否则不可用于其他任何系统。根据光伏系统的不同要求，各厂家生产的控制器、逆变器功能和特性均有差别。因此，控制器、逆变器的具体接线和调试方法，需详参阅随设备携带的技术说明文件。光伏发电系统安装人员，应阅读和遵守生产厂在说明书里详细说明的正确安装程序。安装控制器时，太阳电池方阵应用不透明的布料盖上，断开负载以保护设备和安装人员。安装人员应牢记电气设备是敏感部件，需要小心移动。控制器安装位置应通风良好，以防止散热部件温度过高。

控制器金属外壳是专为电气元件、线路而做的防护盒。控制器放入盒中，可以防止灰尘、湿汽、异物的进入。金属外壳接地后，可使操作人员免遭电击。

在控制箱内或者靠近控制箱的位置，通常安装某种型号的开关，必要时用以切断控制器与太阳电池方阵和控制器与蓄电池的连接，这样也断开了负载电源。对于系统维修和紧急情况，上述开关是非常重要的。熔断器和断路器防止在短路情况下导线中流过大的电流，过大的电流将使导线过热，甚至起火。此外，要注意不同型号的蓄电池，对充放电电压的要求有轻微差异，需要对预置电压进行现场调整。

安装逆变器的注意事项与安装控制器有许多相同之处。需特别指出的是，将直流电缆连接到逆变器输入端时，必须注意判断极性，确认正、负极性无误时方可接入。

(1)安装要求

逆变器盒应垂直安装，以便靠空气的对流进行冷却，盒体四周至少要留出 10 cm 的空间。逆变器可以安装在支架上及墙面等地方。逆变器不可直接安放在太阳光下受暴晒，否则，将因过热导致系统停止运行。尽量缩短太阳电池阵列、逆变器及水泵之间的距离。

(2)电路的连接

为确保安全，在电路连接过程中，电池板应用不透光物体遮盖住，保证安装过程无电压产生，接线前，先把逆变器盒底部的盖板打开，按图示接线，从电池阵列引出的两根导线穿过橡胶引线套，正极与标有＋号的接线座相接，负极与标有－号的接线座相接，为避免电能损失，电缆应尽可能短些。另从水泵引出的3根导线穿过橡胶引线套分别与标有U、V、W符号的3个接线座连接。相位的顺序由水泵的转向确定，而转向是否正确，可通过观察水泵出水情况而定：如果出水量多，说明相位顺序正确；如果出水量少，说明相位顺序不对，需要更换三相中任意两相的连接。

5.光伏系统布线

(1)导线的连接

光伏系统的所有连接线，必须在就近的电气接线盒中转接。电气接线盒可以凸出摆放，也可嵌入墙壁、天花板或地板中。露天电气接线盒必须经受得起风吹雨打。当接线需经常改动或当大线径导线很难连接时，导线端应压接铜制接线环或接线叉。电线、电缆或导管与电气接线盒间的连接一定要足够牢靠，以免导线在拖动中变松。如果接线盒是露天的，各连接点必须小心穿入接线盒中，并进行防水密封。室外导线只能在接线盒的下侧连接。

(2)安装插座和开关

在连接插座和接线器时，特别要注意直流电与交流电的各自特点。直流系统接线时，注意判断导线与端子的正、负极性；交流系统接线时，注意判断火线、中性(零)线和接地线。正确接线可防止对设备产生的损害，消除火灾，减少电击危险。

光伏系统中用得最多的是隔离刀闸和空气开关。开关的容量和电压等级必须与给定的电压和通过的电流大小相匹配。当用交流开关代替直流开关时，相应的交流开关没有足够的遮断速率，会产生短路电弧，这将导致开关寿命的缩短，在大电流的情况下，开关触点将会熔化。隔离刀闸一般都装有熔断丝，熔断丝的熔断电流应合理确定，以起到限制大的过电流和短路的作用。此外，隔离刀闸带大的负荷断开时，由于电流过大可能产生电弧，在直流电路中尤为严重，操作人员要特别注意。

空气开关不适合用在直流电路，更多的是用于交流电路里。原因是当用其断开直流电路时，开关的触头往往被引起的电弧烧坏。在交流回路里使用空气开关时，如果开关触头没有足够的“遮断”电弧的能力，也会起弧并烧坏触点。如果空气开关没有被鉴定可用在直流系统里，设计者应使用熔断器或带有灭弧罩的直流断路器对过流进行保护。

(3)配线安装清单

系统设计和安装人员在安装前后，每次都应按如下述问题核查工作内容，以保证系统的正确安装。

a. 在每一电路中，导线的载流量是否与总的负载相匹配；

b. 在任何一条支路中，电压降是否超出 2％或从蓄电池到负载的电压降是否超出 5％；

c. 过流保护是否超出导线的载流量；

d. 导线颜色代码是否正确；

e. 电线、电缆和导管是否运用正确；

f. 所用的导线类型和导管的尺寸数目是否正确；

g. 所有的接线盒尺寸是否正确、有盖、便于接线；

h. 所有的电气接线端子是否都便于接线；

i. 所有需要防潮的电气接线是否都避免了湿气的浸蚀；

j. 所有的开关与其需转换的电压、电流是否相匹配；

k. 所有的直流插座使用是否正确；

l. 所有的插座是否都标明了正确的电压和电流等级；

m. 所有电气设备的地是否使用了绿色导线、裸导线或金属导管；

n. 在系统中，所有电气设备的“地”和接地导体地线是否接在同一点。

6. 水泵的安装

(1)安装前的准备

a. 开箱前，应检查包装是否完整无损，有无受潮迹象；

b. 开箱后，检查光伏水泵的铭牌数据是否符合要求，随机文件是否齐全；

c. 检查光伏水泵在运输过程中有无变形或损坏，紧固件是否有松动或脱落；

d. 打开潜水泵的注水孔，用注射器注入蒸馏水或滴水(约40 mL)，水中不允许有杂质或砂粒；

e. 水井竣工后，应测试静止水面深度及水井排水量，以便选择流量合适的光伏水泵，在水泵连续工作状态下，确保其潜水深度在 1 m 以上，即水面在水泵进水口上方至少应有 1 m 以上的水深；

f. 根据潜水泵出水口管螺纹尺寸，选择引水管。为减少输送过程中水阻损失，引水管应选用内径略大于出水口的水管。

(2)潜水泵的安装

a. 安装前，应准备下列配件：卡板、吊环、出水口法兰盘、橡胶密封垫和井口托盘法兰，以上配件，厂方均可提供；

b. 将出水口法兰盘和橡胶密封垫固定于水泵出口处，然后将引水管旋入，旋入部应密封；

c. 将吊环旋入引水管另一端管接头中，用吊绳将泵慢慢放入井中，为了下一段管道安装及防止水泵掉入井中，将卡板插入；

d. 进行下一段引水管安装时，应先把吊环旋出，再旋入另一段引水管，重复③、④步骤，直至潜水泵全部潜入水中，但潜入深度不大于 10 m；

e. 井口最后一段水管应与井口托盘法兰盘连接上，并用 4 只螺栓固定；

f. 在安装过程中，每隔 3 m 应用电缆绑扎带绑扎电缆。

在安装过程中，应避免碰破电缆。电缆接头应严格密封，否则受潮后，易发生短路故障。另外，水井井口如暴露在室外，应对井口严格密封，防止泥沙落入井中，影响水泵寿命。采用地面安装的水泵时，应合理选择安装位置、构建牢固的基础、配置吸水与扬水管路。并根据水泵的防护等级确定是否需要建造泵房。采用深井泵从深井中抽水时按要求钻井并清洗，井管的垂直度符合要求.井孔内径必须大于水泵所要求的最小尺寸。水泵安装深度应低于动水位至少 1 m、高于井管进水过滤孔，离井底至少 5 m。采用深井泵从其他水源抽水时.要保证安装稳固，并避免水泵横向受力。

7.注意事项

①在通电前，务必要往注水孔注满水，否则，短时间内干磨，轴承即会烧毁，水泵无法正常运行。严禁在无水浸泡时通电试机运行。

②水温不能高于 40℃；水中含砂量（重量比）不超过 0.01%；水的 pH 应在 6.5～8.5 之间；水中不能含油类。水源水质不符合上述要求的场合，应选用其他类型的水泵，如污水泵等。

③潜水泵使用井径不小于 101.6 mm；井壁应垂直。

④扬水管内壁应光滑、平直。

⑤太阳电池阵列及井口周围应有防护栅栏，以免遭受动物或人为的破坏，但栅栏放置不应使其阴影落在电池阵列表面上。

⑥光伏水泵在阳光下抽水，阴雨天气或夜晚，则停止

运行。

⑦光伏水泵，每运行 1 年，应停机进行 1 次检修，尤其是轴承等转动件，如有损伤，应予更换。

⑧如果在太阳电池板表面钢化玻璃上有灰尘、脏物或碎片时，可用清水冲洗或用软布擦洗。对难于去除的污物，可用少许清洗剂擦洗，擦洗时注意，千万不可用硬物或较粗糙的布擦拭，也不能用强腐蚀性的液体清洗。

⑨逆变器内设有井水抽干保护装置。当井水抽干时，为防止电机空载或过热，系统将自动停止运行 40 min，待井水足够时，再自动启动，如果此时井水仍然不足，系统将再次自动停机。

8.光伏系统安装调试大纲

(1)安装系统部件

①打开包装箱，逐一核查部件完好情况。

②安装太阳电池板。

a.组装金属支架；

b.安装太阳电池板；

c.测量每个太阳电池组件的开路电压和短路电流；

d.方阵整体接线(按图纸完成组件串一并联)，并测量总开路电压。

③安装蓄电池组。

a.将蓄电池各就各位，检查电解液比重、液面高度和端电压；

b.使用专用金属连接件将蓄电池连接成组，检查蓄电池组总输出电压；

c.将所有蓄电池端子和接线端，全部用接线端盖盖上或涂抹凡士林脂。

④安装控制器。

a.检查控制器各开关初始位置是否正确，断开所有输出、输入开关；

b.将方阵输入电缆、蓄电池组电缆和直流负载电缆分别接至控制器各端子。

⑤安装逆变器。

a.检查逆变器各开关初始位置是否正确，断开直流输入开关和交流输出开关；

b.将逆变器直流输入电缆接至控制器负载输出端。

(2)系统布线

①场地布线。

②户内布线。

(3)复核接线和系统联调

①全面复核各支路接线的正确性，再次确认直流回路正负极性的正确性。

②依次闭合控制器的方阵输入开关和蓄电池输出开关，开始向电池充电。

③蓄电池充满电后，闭合控制器的负载输出开关，开始向直流负载供电。

④逐一起动直流负载，直至全部负载工作正常。

⑤确认逆变器直流输入电压极性正确，闭合逆变器直流输入开关。

⑥ 空载下闭合逆变器交流输出开关，检测并确认交流输出电压值正确。

⑦ 逐一启动交流负载，直至全部负载工作正常。

⑧系统运行状态调整：全面调试光伏系统运行状态，试验各项保护功能。特别注意调整并设置好控制器充放电预置电压阀值。

(4)系统测试，移交验收

①系统测试。全面测试光伏系统运行状态，记录系统各部件主要运行参数。

②验收移交。依据光伏工程有关验收程序，甲/乙双方共同复核发电系统及负载运行情况，履行工程验收和移交手续。

(五)光伏水泵的应用案例与效益分析

1.广东徐闻地区的光伏水泵扬水系统及其技术经济分析

广东湛江的徐闻地区，在北回归线以南，属热带季风湿润气候，一年四季阳光充足，太阳辐射角度大，阳光强烈，太阳辐射量丰富，由于日照时间长，水分蒸发量大，雨水过后不易保墒，属于少水干旱地区，严重缺水不仅为当地农民的生活带来极大不便，而且严重制约了当地农业的发展。依靠柴油机提水，不但成本高、效益低，而且随着国际油价上调、柴油机维修费用高等弊端给当地农民的生产成本增加了不小的压力。但是徐闻地区太阳能资源极好，日照时间长而且强烈，并且许多地域蕴藏着丰富的地下水，而且大都不深，利于提取，这就为使用光伏水泵扬水奠定了必要而良好的基础。

徐闻地区在广东省的西部，三面环水，地表水资源浅，若在该处设井提水，则提水扬程低、可大大降低扬水成本。该地区目前已有可耕地面积 7.13 万 hm^2，开凿机井 6 000 多眼。为加大涌水量，开凿井深通常在 20～30 m 之间，其静水位虽仅 3～6 m，但由于井径不大，抽水期间井的动水位甚至达到 10～26 m。总体上说，该地区地下水资源丰富，水质良好，提取后可直接用于农田灌溉。

(1)光伏水泵系统的基本构成

光伏水泵系统主要由光伏组件阵列、控制器、电动机和水泵组成。

(2)光伏水泵的系统配置与技术特点

选用多晶硅光伏阵列供电并配以 MPPT(最大功率点跟踪)控制器，采用高效直流无刷、永磁、无位置传感器、定转子双塑封的潜水电动机驱动高效深井潜水泵实现提水。为保证运行，机泵均采用不锈钢壳体及耐磨水润滑轴承等零部件。在徐闻地区安装多套光伏水泵系统，太阳电池功率在 180～1 020 Wp 范围，以其中一套系统配置为例，其系统具体配置参数如下。

①光伏组件阵列。每套系统都专门针对多晶硅太阳电池组件和光伏水泵的适配性进行了试验，晶体硅太阳电池在构建本系统中的优点是效率高，占地面积小，其缺点是投资成本和弱光性能不如非晶硅太阳电池组件好。所用组件参数：最大功率点电压 23.4 V，最大功率点功率 170 Wp。阵列组成：采用 6 块串接组成一条支路，最大功率点电压 140.4 V，最大输出功率 1 020 Wp。

②电机、潜水泵。

a. 电机参数。电机额定电压（直流）120 V，额定功率 800 W。

b. 潜水泵参数。额定工作扬程 20 m，额定工作流量 8 m^3/h。

考虑到该地区动水位可能达 10～25 m，多级离心水泵的级数仍取 5 级。

③技术特点。由于光伏水泵系统特别是无蓄电池的太阳能光伏水泵的运行方式不同于常规水泵，光伏水泵没有能源消耗费用，因此应尽量保持系统每一个晴朗天都工作，充分利用太阳能，其技术特点如下。

a. 系统工作点。光伏水泵系统的配置涉及多个因素，包括用户要求的静态扬程与动态扬程，当地日照强度及其分布，太阳电池方阵的串、并联数，电机、水泵的特性，系统应达到的能量转换效率(基于某确定的太阳电池组件效率)等。为了使系统的工作点尽可能靠近太阳电池方阵的最大功率点，光伏水泵的最高效率应取特定地区日、月、季、年等因素的平均效率，而不是通常水泵设计中要求的设计点、工况点的最高效率。

b. 水泵扬程。对于光伏水泵，扬水阈值越小越好。这是因为扬水阈值小，意味着光伏水泵对光照条件的要求越低，水泵可以工作的时间越长，从而可以多抽水，提高光伏水泵系统的工作效率。同一个水泵系统配用同等的太阳电池总数，只是由于它们串、并联数的不同会形成不同的方阵特性，由于矩形分布的日照时间曲线能保证光伏系统在一日内有较多时间使系统工作在扬水阈值以上，相应于直接耦合系统，这意味着矩形的日照时间分布曲线能保证系统有更多的时间工作于方阵最大功率点附近的区域。针对任一个光伏水泵系统应认真地对太阳电池串、并联数进行优化组合。

c. 引水管道。引水管道的直径、长度、内壁粗糙度等直接决定了光伏水泵系统的负载特性，光伏水泵的流量也是随着太阳光照的变化而变化，因此流量也是日、月、年等的平均流量。由于光伏水泵系统所能提供的驱动功率是一定的，因此光伏水泵的平均流量越大，就可以抽更多的水，系统就具有较高的效率。

d.水泵电机。采用高效直流无刷、永磁、无位置传感器、定转子双塑封的潜水电动机，大大提高了光伏水泵机组的运行效率。电动机的起动方式为步进式起动，起动电流较小，起动过程平稳，对电动机的控制器、太阳电池组件冲击小，增加了系统的安全性和可靠性。直流无刷电动的调速范围和系统的闭环控制运行，克服了光伏组件伏安曲线的非线性、不稳定性和组件输出功率变化较大的缺陷，使电动机在变化的日照条件下都能正常运行。

(3)效益分析

光伏扬水系统与柴油机水泵相比，具有良好的经济性，且保证率也高。夏季的供水需求量最高，日太阳能获得量也最高，光电系统运行也处于最高效率状态，这使得光伏替代柴油机作为抽水动力更为有利。与柴油机配套交流潜水异步电动机功率 0.75 kW，电动机效率是 55%，水泵效率 51%，扬程 24 m，流量 5 t/h，这时的机组效率 28.05%；而与光伏扬水系统相配套的直流无刷电动机功率为 0.8 kW，电动机效率是 81%，水泵效率 51%，扬程 24 m，流量 5 t/h，这时的机组效率 41.31%，与相近规格交流异步潜水泵机组效率比较提高 13.26%。由此看出小功率交流异步潜水电机效率普遍偏低，造成能源浪费。另外充油式潜水电动机一旦密封受损，易对水源造成污染。

①光伏水泵扬水系统费用分析。

太阳能资源以Ⅱ类地区(太阳年辐射量 5 000 J/m^2,年平均日照时数为 2 100 h,一般全年阴天为 20~70 天,每年日照按 300 天计)为标准进行计算,扬程 20 m,出水量 5 m^3/h,年出水量:

$$Q = 5\times7\times300 = 10\ 500\ m^3$$

太阳电池按 20 年计算,其余按 10 年计算。以 1 020 Wp 固定式光伏扬水系统计算,设备投资及运行费见表 4-1。

表 4-1　光伏扬水系统设备与运行费用

项 目	设备投资/元	运行费/(元/天)
光伏组件	38 760	
控制器	5 000	
电机、水泵	4 000	
组件支架	3 600	
附件	1 000	
安装费	500	
运行费		200
合计	52 860	200

②柴油发电机水泵系统费用分析。

考虑到涌水量,4 kW 柴油机与 2.2 kW 发电机组组成的潜水提水系统,在计算中以该系统为样本。除柴油费用外尚需支出柴油机维修费用,还应考虑柴油机组的维修费用会随机器陈旧而逐年增长，柴油机组的维修费用平均约 1 250 元/年。每天运行 7 h，日可供水 105 m^3（扬程 20 m），日耗柴油 8 L，油价以 7.5 元/L 计算（2014 年 4 月），年出水量：

$$Q=105\times300=31\ 500\ m^3$$

设备投资及运行费见表 4-2，表中不含有燃油运输费用。从柴油发电机组提水的运行成本的结构可以看出，燃油费用占了运行费用的大部分，并随着对石油开采和柴油提炼成本的不断上升，柴油发电机组的运行费用还将不断增加。

表 4-2　柴油机水泵设备与运行费用

项目	设备投资/元	运行费/(元/年)
柴油发电机系统	3 500	
电机、水泵	1 600	
附件	600	
安装费	500	
年修理费		1 250
年耗油费		18 000
年工资(15 元/天)		4 500
合计	6 200	23 750

③光-柴扬水成本对比。

根据表 4-1 和表 4-2，将各项费用折算成每立方米水所需的费用，光伏水泵扬水系统每立方米提水成本与柴油发电机水泵系统每吨提水成本对比见表 4-3（没有考虑到银行利率的影响，柴油机组的维修费用会随机器陈旧而逐年增长以及油价上涨的因素)。

表 4-3　光-柴扬水成本对比　元/m^3

提水方式	设备费用	能耗费	运行费	总成本
光伏	0.32	0	0.02	0.34
柴油机	0.02	0.57	0.18	0.77

通过对光伏扬水系统和柴油机提水系统每吨水所需的费用分析,可以看出在广东省徐闻地区采用光伏扬水系统要比使用柴油机提水系统更经济实用。进一步分析可知。光伏扬水系统经过 2.26 年的运行,其设备投资费用、运行费用之和等于柴油机提水系统的各项费用,也就是说,在这之后的光伏扬水系统提水成本比柴油机提水成本更为经济。按常规水价计算不到 6 年即可全部回收系统投入。由于农网改造投资巨大,电费相对昂贵,农民深感不胜负担,再加上从村庄引电到田间,距离长、线损大,有时在田间的电网电压低至 140 V 左右,这时电动机工作困难,电机温升加剧,效率低下,更增加了电费成本,并且农民自行接线,在田间条件下往往忽视安全,用电极不安全。

2. 青海省光伏水泵扬水系统及其技术经济分析

(1)光伏水泵提水对青海省发展的意义

青海省是我国的四大牧区之一,搞好牧区水利工作,是维护国家生态安全的迫切要求,是牧区经济可持续发展的基础保障。通过光伏提水技术推广应用示范区的建设,提出太阳能光伏提水技术在青海省推广应用前景，实现充分利用当地丰富的太阳能资源，大力推广光伏提水技术连片开发，形成小农户大农业的局面，不但有利于使传统的水利向现代化水利发展，而且也是实现青海经济发展的重要途径。

(2)青海省的太阳能资源

青海省太阳能资源分布十分丰富，年太阳辐射量为 660 kJ/cm²，平均年日照时数 2 757.8 h。充分利用当地资源，解决牧民缺水问题是十分必要和有效的。青海省幅员辽阔，地处中纬度，海拔 3 000 m 以上的地区占全省总面积的 90%以上，因海拔高，大气稀薄，加之气候干燥，少雨，大气透明度好，日照时间长，太阳能资源丰富，仅次于西藏，属于第二高值区。省内最高辐射量出现在冷潮、诺木洪、察尔汗地区，最低值出现在久治、斑玛及门源县。按全国太阳能资源区划，太阳能总辐射大于 630 kJ/cm² 为一类区，500～630 kJ/cm² 为二类区以此分类，青海省均属一、二类区。其中一类区占总面积的 80%以上，二类区不到 20%。年太阳总辐射量大部分地区在 600 kJ/cm² 以上，比我国同纬度东部低海拔地区多 130～170 kJ/cm²，其分布总趋势是：从东南向西北递增。年日照时数在 2 325～3 575 h 之间，较我国同纬度地区约多 700 h。年日照时数总的分布趋势是：由东南向西北递增，与太阳辐射分布趋势相似。

(3)青海省的地下水资源

从已查清的地下水分布和易开采区地下水埋深等值线来

看，青海地区为推广太阳能提水灌溉技术提供了广阔的发展空间。湟水和大通河的河谷盆地地下水埋深较浅，大部分地区在 30 m 以内，有部分地区在 6 m 以内。黄河干流的河谷地区，干流切割较深，在一、二级台地以上地下水埋深多在 30～50 m，在支流两岸的一级阶地上，地下水理深较浅，在 30 m 以内。内陆盆地的青海湖流域地下水埋深较浅，地下水埋深小于 30 m，沿青海湖、布哈河冲洪积扇地下水埋深小于 10 m。青南大部分地区都适宜推广此技术。受水文地质条件的限制，青海省易开采地下水资源主要分布于内陆盆地、山丘区较大谷地和各河干支流的河谷平原区，地下水类型主要为松散岩类孔隙水。根据地下水水文地质条件和特征，分为河湟谷地、青南高原和内陆盆地。划分的易开采区重点围绕县、乡和村落较为集中的地区。

(4)青海省应用光伏水泵的作用和推广应用地区

通过光伏水泵的实施，使农牧民饮用达到符合国家卫生标准的饮用水成为现实，使广大农牧民的生产生活质量有很大的提高。光伏水泵在柴达木盆地的格尔木市、都兰县、乌兰县、天峻县，青海湖流域的刚察县、海晏县，共和盆地的兴海县、共和县，海北州的门源县，玉树州、果洛州等地进行推广。

(5)青海省光伏水泵的典型设计

①需水量计算。农村供水工程的设计年限一般按 10～15 年确定，采用太阳能光伏提水系统一般寿命在 25～30 年。

所以设计年限按25年确定。人口增长按12‰考虑，牲畜数量由于草场载畜能力严重饱和，不考虑增长。设计年为2029年。

设计年总人口＝项目区现有人数×$(1+12‰)^{25}$，牲畜折合羊单位为49 301头（只）。

据《农村供水工程技术要点》设计用水定额：居民生活用水定额为30 kg/d，牲畜（折合羊单位）用水定额为每头6 kg/d；居民用水日变化系数1.5。

②提水井设计。根据物探工作的结果，窑沟日地区潜水面的埋深为2.5～7 m，潜水含水层为23～27 m。根据该地区地下水位埋深较浅和牧民居住分散等特征，在该地区布设井深为8～10 m的大口径井，选择扬程较小的光伏提水系统，解决该地区的人畜饮水问题。永安地区的潜水水面埋深在5～25 m，根据实际地下水埋深选择不同井深及不型号的提水系统满足需水的要求。

③辅助建筑物。辅助建筑物包括管理房和蓄水池。利用太阳能提水最大的不足是阴天和夜间不能工作，为了解决这一问题，设计利用水池蓄水。利用蓄水池可以解决阴天和夜间的饮水问题。蓄水池采用钢筋混凝土结构。

(6)生态效益

青海省是我国的五大牧区之一，如何解决广大牧民群众的人畜饮水及恢复生态环境，提高牧民生活质量，是各级领导十分关心的问题。光伏水泵提水，充分利用当地丰富的太阳能资源，解决了牧民群众的人畜饮水问题，同时对发展牧区小城镇建设，进行牲畜圈养提供了良好的基础条件。还可以适当发展草原灌溉，提高了产草量，缓解牲畜过载的矛盾，扼制草原退化和改善生态环境。因此，利用光伏水泵提水在如何解决居住相对分散的牧区人畜饮水提供了有效途径，有利于我国牧区现代水利发展。

五、太阳能光伏杀虫灯技术

(一)太阳能光伏杀虫灯简介

杀虫灯是监测昆虫迁飞、扩散、发生期和发生量的重要工具,也是害虫综合防治的有效措施之一。昆虫趋光行为古代已有记载,飞蛾扑火正是人类由这种行为而总结出来的成语。法国著名昆虫学家法布尔详细记录了大孔雀蛾的扑灯行为,是对这种行为的较早科学记录之一。进入 21 世纪,人类利用趋光性进行害虫防治,在现代农业生产中日益显示出其优越性。

灯光诱杀作为一种高效环保的害虫治理方法,应用极为普遍。例如,对于卫生害虫、仓库害虫、农田害虫的防治均已大量应用灯光诱杀法。相对于其他的防治方法,灯光诱杀法具有延缓害虫抗药性、降低防治成本和对环境污染小等优点。

诱虫灯的种类非常多,一般只要可以用于照明的光源均可作为诱虫灯使用,但是其中的效能却有差别。现在,使用较多的诱虫灯类型有日光灯、黑光灯、高压汞灯、节能灯、双波灯、频振灯等。

太阳能光伏杀虫灯采用了现代高新技术，把太阳能转换成电能，适用于白天有阳光的任何生产环境。由太阳能供电系统提供能源，白天太阳能光伏组件对蓄电池充电，天黑蓄电池对杀虫灯供电；利用昆虫趋光产生的反应行为，以相应波长的光波诱至高压电网等击杀，达到消灭害虫目的。它是集害虫诱杀、测报、种类调查于一体的新能源植保器械，是物理防治最为理想的选择。

(二)杀虫灯的杀虫原理

1. 昆虫的趋光性

趋光性是生物对光刺激的趋向性。围绕昆虫的趋光性，科学家们做了大量研究，并根据研究结果提出了不同的假说。比较成熟的假说有以下几个。

(1)光定向行为假说

科学家认为昆虫趋光是由于昆虫光罗盘定向的原因造成的，即许多夜间活动的昆虫会以某一天体做参照，以身体纵轴垂直于天体与昆虫躯体的连线进行活动，而夜间的灯光也会被昆虫当作定向参照物，但这个参照物要比天体近许多，结果使昆虫产生螺旋形向灯飞行轨迹，这种轨迹最终导致昆虫飞向光源。

(2)生物天线假说

Callahan 从逆仿生学的角度提出了生物天线理论,认为昆虫趋光是因为求偶行为所致,即昆虫的触角有各种各样的突起、凹陷及螺纹,这些结构类似现代使用的天线装置,使昆虫的触角可以感受信息素分子的振动而吸引昆虫,灯光中的远红外线光谱与信息素分子的振动谱线一致,昆虫的触角可以感受该信息导致趋光。

(3)光干扰假说

夜行性昆虫适应暗区的环境,进入灯光亮区时,刺眼作用干扰了其正常行为,由于暗区的亮度低,昆虫无法返回暗区继续活动而导致扑灯。科学家认为昆虫扑灯行为是由于在黑暗的环境中,灯光使复眼发生炫耀引起的,越敏感的单色光,刺眼作用越强。许多昆虫对紫外光区的强烈反应仅是因为这些昆虫对紫外区的光十分敏感,即昆虫并不能辨别不同波长的光,并不是真正的波长选择机制。

到目前为止,昆虫趋光现象仍缺少公认的解释,但有一点是可以肯定的,即昆虫的趋光性绝非普遍意义上的趋性。

2.杀虫灯诱杀原理

太阳光的波长在 280～2 800 nm,人眼可见光的波长范围在 380～780 nm,低于 380 nm 的光为紫外光,大于 750 nm 的光为红外光。昆虫的可见光在 250～750 nm 之间。如绿光对金龟子、黄光对蚜虫有较强的诱集力。波长 320～400 nm 为人类看不见的紫外光但对数百种害虫有较强的诱集力。因此，在紫外光和可见光的光谱范围内，光谱范围越宽，诱虫种类越多。波长 320～680 nm 覆盖长波紫外光和可见光的光谱范围的光源称为宽谱诱虫光源。宽谱诱虫光源诱杀害虫种类多，效果好，数量大。宽谱诱虫光源对于鳞翅目类各种成虫有特效，如菜蛾、棉铃虫、地老虎、美国白蛾等，对鞘翅目、双翅目、同翅目、直翅目等类的多种昆虫也有显著诱集效果。引诱昆虫扑灯，通过高压电网或其他装置将昆虫击晕或致死。

3. 杀虫灯诱虫的有效范围

灯光诱虫的有效范围是以害虫可看见诱虫光源的距离为半径所作的圆，一般距离为 80～100 m，有效面积 2～3 hm^2；各种害虫的视力有差异，为了保证杀虫灯的使用效果，一般把杀虫灯的有效范围确定为 1.5～2.0 hm^2。灯光诱虫的有效范围与诱虫光源的种类、功率、安置高度相关。节能灯光效率高，较低功率的节能宽谱诱虫灯也能超过较大功率的白炽灯和普通荧光灯、紫外灯的有效范围。杀虫灯安装的位置较高，有效范围也较大，安置高度一般高于植物 50 cm 以上。

(三)太阳能光伏杀虫灯的主要类型

1. 根据杀虫灯的灯源分类

诱虫光源有煤油灯、沼气灯、白炽灯、卤钨灯、荧光灯、紫外灯、高压汞灯、节能灯、节能宽谱诱虫灯、LED 灯等，可总结为火光与电转换光两类。现在应用的主要诱虫光源，除沼气灯是火光外，其他基本都是电转换光。电转换光源可分为3类，即白炽灯、汞灯和LED灯。

(1)白炽灯

白炽灯是电流加热发光体至白炽状态而发光的电光源。白炽灯因很多能量作为热能散失，光效率低，能耗最高；白炽灯的光波只包括部分可见光段，诱虫种类少，现在基本不用。

(2)汞灯

汞灯是以汞作基本元素，并充有适量其他金属或其他化合物的弧光放电灯；是利用汞蒸气在放电过程中辐射紫外线，使荧光粉发出可见光；其中根据汞蒸气压力大小又可分为低压、高压、超高压3类。荧光灯、紫外灯、节能灯、节能宽谱灯均属于低压汞灯范畴。由于汞灯所消耗的电能大部分用于产生紫外线，因此汞灯的发光效率远比白炽灯和卤钨灯高，是目前比较节能的电光源，包括大部分的诱虫光源；但各种汞灯之间节能效率还有差异。

①紫外灯。紫外灯就是黑光灯。330～400 nm的长波紫外光，是人眼不敏感、看不见的光，所以紫外灯又叫黑光灯。多种害虫对长波紫外光敏感，但普通直管紫外灯能耗较高，需配镇流器，安装、维修、使用麻烦。

②双波灯(三色灯)。根据现有双波灯的具体情况，是2种单色光波灯。该种诱虫光源(包括3色灯)光谱狭窄，诱虫

种类少;其能耗由灯的基本类型决定。

③频振灯。频振,即将电转化为多种特定频率的技术;实质就是直管紫外灯和直管荧光灯的组合。这种组合光源诱虫种类多,效果好;但耗能较高,需外加2个镇流器,安装使用较麻烦。

④节能灯。节能灯正式名称为“紧凑型单端荧光灯”。单端荧光灯用电量比普通白炽灯节省80%,俗称节能灯;可方便地直接取代白炽灯;但光谱只有可见光,诱虫种类较少。

⑤节能宽谱诱虫灯。该灯是在紧凑型单端荧光灯基础上,为杀虫灯研发的专用光源:在紧凑型单端荧光灯的灯头上,安装日光和紫外光2种发光灯管。该种诱虫光源用电量比普通白炽灯节省80%,光谱覆盖320～680 nm,诱虫种类多、效果好,而且安装使用方便。

(3)LED灯

LED灯是发光二极管,是一种固态的半导体器件直接把电转化为光,最节能,但都是单色光,光谱狭窄,诱虫种类少,而且价格高,暂时不宜用于杀虫灯。

2.根据杀虫灯的杀虫方式分类

按杀虫方式分类,杀虫灯主要有电击式、水溺式、毒杀式和其他一些方式几类。

(1)电击式杀虫灯

诱集来的害虫,通过高压电网击倒,由集虫器收集。高压电击式杀虫灯杀虫效果较好，一般灯下虫害较少，或没有虫害；因为害虫都是被光引诱过来的，都是在灯周围1m直径范围内飞舞活动，只要碰到杀虫网，就会被击倒，最终绝大部分都会被击倒进入杀虫灯的集虫装置。具体应用如图5-1所示。

图 5-1　普通频振式光伏杀虫灯

(2)水溺式杀虫灯

适用于水资源条件较好和实施种养结合的农业生产条件，杀虫效果不及高压电击式杀虫灯。把杀虫灯设置在自然水面、人工水池上，或在灯下设水盆，害虫围着诱虫光源飞舞，倒影诱虫光源诱集害虫落入水中而溺死，或直接喂养食虫动物，如图5-2所示。诱虫光源周围设挡虫板，害虫围灯飞舞，撞击挡虫板就会跌落水中，杀虫效果较好，如图5-3，也可不设挡虫板。水溺式杀虫灯杀虫效果较差，掉入水中的害虫有部分还可能重新起飞逃逸；特别是用水盆集虫，水盆面积较小，引诱来而未被溺死的害虫，就会聚集在灯下1 m半径范围内，形成虫害，需要特别防治。水溺式杀虫灯最好用于水产养殖塘，或禽类、蛙类养殖场。

(3)毒杀式和其他方式杀虫灯

毒杀式必须用挥发性强，有嗅杀作用的化学农药，而且毒杀的害虫也不能作为高蛋白饲料，在生产中不提倡采用；只有测报、研究单位，需要收集尸体完整的标本时采用。其他还有粘连式等一些方式，但使用比较麻烦，一般也不采用。

图 5-2　水溺式光伏杀虫灯

图 5-3　挡板式光伏杀虫灯

(四)太阳能光伏杀虫灯的主要组成

由于生产中多数采用电击式杀虫灯，所以主要介绍电击式杀虫灯。

电击式太阳能杀虫灯由以下几部分组成：太阳能光伏组件、控制器、蓄电池组、杀虫灯、灯壳和灯杆，如图 5-4 和图 5-5 所示。在控制器的控制下，白天太阳能光伏组件向蓄电池组充电，晚上蓄电池组提供电力给杀光灯负载。控制器在任何情况下(阳光充足或长期阴雨天)都能确保蓄电池组不因过充电或过放电而损坏，同时具备光控、时控、声控、温度补偿及防雷、反极性保护等功能。杀虫灯由诱虫灯、高压电网、接虫袋和控制电器组件等组成。高压电网围绕在诱虫灯的周围，当飞虫受到灯光引诱后将向灯管飞来，在靠近灯管之前首先碰到高压电网，瞬时的高压电击会直接将其毙死，毙死的飞虫掉入托盘并集中到接虫袋中，完成对飞虫的扑杀。光伏杀虫灯装置的全部电器组件（控制器、逆变器、高压包等）均置于支撑板上，并由上盖板罩盖，可避免由于风雨侵袭而可能造成的损坏。

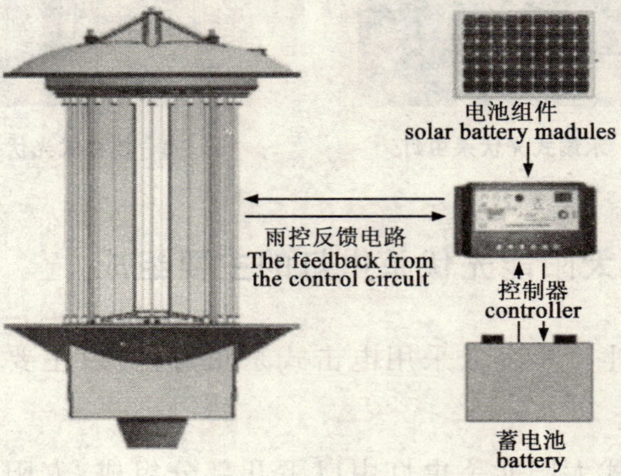

图 5-4　光伏杀虫灯的组成

1. 太阳能光伏组件

太阳能光伏组件的作用是将太阳的辐射能转换为电能，并送至蓄电池中存储起来。较普遍且较实用的有单晶硅太阳能光伏组件、多晶硅太阳能光伏组件及非晶硅太阳能光伏组件等三种。在太阳光充足光照好的中西部地区，采用多晶硅

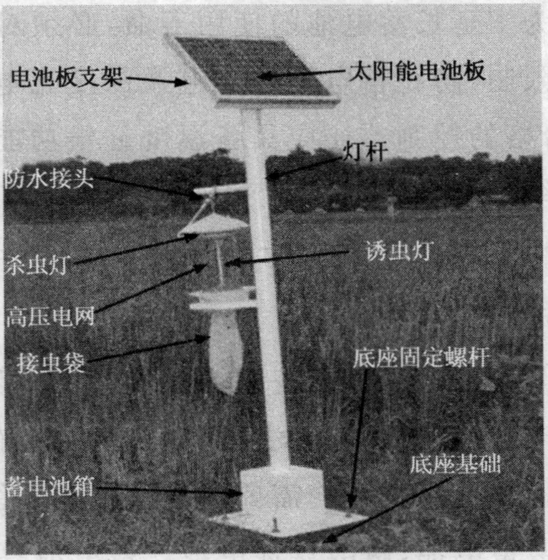

图 5-5　光伏杀虫灯基本构造图

太阳能光伏组件为好，因为多晶硅太阳能光伏组件生产工艺相对简单，价格比单晶硅太阳能光伏组件低。在阴雨天比较多、阳光相对不是很充足的南方地区，采用单晶硅太阳能光伏组件为好，因为单晶硅太阳能光伏组件性能参数比较稳定。非晶硅太阳能光伏组件在室外阳光不足的情况下比较好，因为非晶硅太阳能光伏组件对太阳光照条件要求比较低。另外第二代太阳电池的研制，即将取得突破性进展，即薄膜太阳能光伏组件材料。

2.控制器

太阳能杀虫灯中，一个性能良好的充电放电控制器是必不可少的。为了延长蓄电池的使用寿命,必须对它的充电放电条件加以限制,防止蓄电池过充电及深度充电。在温差较大的地方,合格的控制器还应具备温度补偿功能。同时控制器应兼有系统控制功能,具有光控、时控、雨控等功能,并应具有夜间自动切控负载功能,便于阴雨天延长工作时间。

3.蓄电池

由于太阳能光伏发电系统的输入能量极不稳定,而且太阳能光伏发电系统是在白天发电而杀虫灯是在夜间工作,所以太阳能光伏杀虫灯一般均需要配置蓄电池系统才能工作。一般采用铅酸蓄电池、磷酸铁锂电池。蓄电池容量的选择一般要遵循以下原则:首先在能满足夜晚照明的前提下,把白天太阳能光伏组件的能量尽量存储下来,同时还要能够存储满足连续阴雨天夜晚照明需要的电能。蓄电池容量过小不能够满足夜晚照明的需要,蓄电池容量过大,一方面蓄电池始终处在亏电状态,影响蓄电池寿命,同时造成浪费。蓄电池应与太阳能光伏组件、负载功率相匹配。可用一种简单方法确定它们之间的关系:太阳能光伏组件功率必须比负载功率高出4倍以上,系统才能正常工作;太阳能光伏组件的电压要超过蓄电池的工作电压20%~30%,才能保证给蓄电池正常负荷。

4.诱集光源

太阳能杀虫灯采用何种光源是太阳能杀虫灯能否正常使用的重要指标,一般太阳能杀虫灯采用12 V电压,功率在

6～15 W的直流黑光灯，黑光灯是一种特制的灯，该灯所发射的紫外线光对人和鱼无害，只是亮度小、照度低。试验证明，许多昆虫(大部分为农业害虫)对300～400 nm的紫外线最敏感，有最大的趋光性，而黑光灯的发光波长在365 nm左右，是一种诱引昆虫比较理想的灯源。

5. 灯杆及灯具外壳

灯杆的高度一般设计在2～3 m，灯杆太高不利于昆虫飞行，灯杆太低不利于防盗。灯具外观要求不高，相对实用就行。

(五)太阳能光伏杀虫灯的设计

1. 技术要求

(1)外观要求

太阳能杀虫灯上采用的主体骨架、太阳能光伏组件支架、高压电击网、集虫容器均应采用耐高温、耐寒、耐紫外线、耐腐蚀材质。太阳能电源外壳开关应便于操作。

(2)结构要求

太阳能杀虫灯各部分的电气连接禁止使用自攻螺钉。防护等级应至少达到IP65。

(3)灯具性能要求

通用性诱集光源发射出的主峰波长应达到300～400 nm。

杀虫灯的工作方式为夜间自动开启，白天自动关闭。开启和关闭的自动控制方式可以是光控、时控，也可以采用雨控。光控方式工作时的自动开启和自动关闭的环境照度应满足杀虫灯的规定值。时控方式设定时间的允许偏差为±30 min。雨控方式工作时，在环境相对湿度大于或等于98%时自动关闭，在环境相对湿度小于或等于98%时自动开启。杀虫灯正常工作条件下，夜间连续工作时间应大于6 h，连续3 d无日照或阴雨环境，杀虫灯应满足正常工作时间要求。杀虫灯的高压发生器输出电压不低于4 000 V，高压放电能量不低于10 J。

(4)安全要求

杀虫灯应具备短路保护、过充电保护、过放电保护、欠电压保护、过电流保护、防雷保护等保护功能。杀虫灯正常使用、更换构件或零部件时，其高压带电部件不会被人触及。杀虫灯导线应采用防紫外线阻燃性导线。内部标线标称截面积不应小于1.5 mm^2。

(5)使用寿命要求

诱集光源寿命不低于2 000 h。蓄电池的寿命不低于2年。太阳能光伏组件的寿命应超过15年。除诱集光源和蓄电池系统外，杀虫灯部件的平均无故障工作时间应大于4 000 h。

2. 总体思路

图 5-6 为太阳能杀虫装置系统组成，主要由光伏阵列、防反充肖特基二极管 D_1、充放控制电路、蓄电池、逆变器、高压包、负载(杀虫灯及高压电网)及开关 k_1、k_2 等组成。控制器通过开关 k_1、k_2 白天控制光伏阵列发电存储在蓄电池内，晚上控制蓄电池为负载(杀虫灯及高压网)供电；逆变器将蓄电池直流电压变成交流电压供负载使用；二极管 D_1 防止晚上或光弱时，蓄电池对光伏阵列的反充电；杀虫灯吸引害虫到灯前炫目而打灯，高压电网将其毙死。

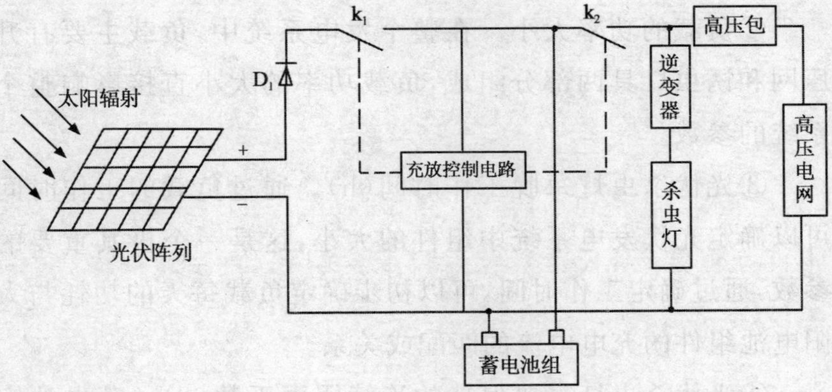

图 5-6 太阳能杀虫装置系统组成

3. 设计的内容

①确定设计参数，如负载功率、连续阴雨天数等；

②主要外围器件或电路的选型和设计，如蓄电池的容量

大小、太阳能光伏组件的功率大小、充放电控制电路的设计、逆变电路的设计、升压电路的设计等。

4.分功能设备选择

(1)确定与设备有关的参数

①光伏杀虫灯使用地区地理位置。首先要了解太阳能杀虫灯使用的地理位置，通过地理位置我们可以了解并掌握当地气象资源，比如年平均太阳能辐照量、气温高低、风力大小等。根据这些数据，可以确定当地的太阳能标准峰值时数(h)和太阳电池组件的方位角与倾斜角。

②负载的功率大小。在整个发电系统中，负载主要有升压网和诱虫灯具两部分组成，负载功率的大小直接影响整个系统的参数。

③光伏杀虫灯每晚工作时间(h)。通过负载的工作时间可以确定光伏发电系统中组件的大小，这是一个极其重要的参数，通过确定工作时间，可以初步确定负载每天的功耗与太阳电池组件的充电电流的匹配或关系。

④光伏杀虫灯需要保持的连续阴雨天数(d)。蓄电池容量的大小及阴雨天过后恢复电池容量所需要的太阳电池组件功率是通过这个参数来决定的。

⑤确定两个连续阴雨天之间的间隔天数(d)。连续阴雨天间隔的时间决定了整个系统在一个连续阴雨天过后下一个连续阴雨天到来之前对蓄电池充满电所需要的电池组件

功率。

(2)主要外围器件的选型和控制、逆变、升压电路

①太阳电池组件的选型。在考虑电池组件的选型时要依据系统容量考虑所选电池组件的类型、工作电压、最大输出功率等参数。

a.类型。太阳能光伏组件将太阳能转换为电能有单晶硅、多晶硅、非晶硅太阳能光伏组件等三种类型。单晶硅太阳能光伏组件性能参数比较稳定,南方的阴雨天较多、并且阳光不是很充足,故此类型比较适合。多晶硅太阳能光伏组件生产工艺比较简单,价格比单晶硅的低,东西部地区阳光充足,雨水少,此种类型适合使用。非晶硅太阳能光伏组件适合用于对太阳光照条件要求比较低的环境。

b.工作电压。太阳能光伏组件的工作电压约为蓄电池工作电压的1.5倍,才能保证给蓄电池正常充电。如给6 V蓄电池充电需要用8～9 V太阳能光伏组件配置;给12 V蓄电池充电需要用15～18 V太阳能光伏组件配置;给24 V蓄电池充电需用33～36 V太阳能光伏组件配置。

c.最大输出功率。最大输出功率又称最佳输出功率,是指太阳能光伏组件在正常工作或测试条件下的最大输出功率,是峰值电流与峰值电压的乘积,峰值功率的单位为瓦。太阳能光伏组件的峰值功率取决于太阳辐照度、太阳光谱分布和组件的温度等,可用下式计算:

功率＝ 负载功率×灯具所用时间/当地日照间距系数×2.3

当地日照间距系数为不同纬度地区太阳能光伏杀虫灯南部遮挡物与杀虫灯光伏组件之间的距离和遮挡物高度与光伏组件高差之间的比值，主要考虑遮挡物对光伏组件遮光的影响。在开阔的农田中，日照间距系数可取1.0。

②蓄电池选择。蓄电池在白天将太阳能光伏组件所发出的电储存起来，到了夜晚或光照度低时释放出来供负载使用。在选择诱虫灯系统的储能设备蓄电池时，要从类型、容量、蓄电池连接方式上进行选择和设计。

a.常见的蓄电池类型。铅酸(CS)蓄电池适于低温高倍率放电，能量比偏低，是目前采用较多的一类蓄电池。其优点是价格低，密封免维护但有铅酸污染，随着蓄电池工艺和其他类型的出现，此类型蓄电池会逐步淘汰。镍镉(Ni-Cd)蓄电池放电倍率高，低温性能好，并且循环寿命长，适合小型电能存储系统采用，但在使用时，要注意防止污染。镍氢(Ni-H)蓄电池可高倍率放电，并且低温性能好，价格便宜，基本无污染，是一种绿色环保电池，很适合于小型系统采用。

b.蓄电池容量选择。蓄电池容量的大小对整个供电系统有决定性的影响，若蓄电池容量过小，则不能满足夜晚需要；若容量过大，则蓄电池始终处在亏电状态，对蓄电池寿命有较大影响。蓄电池容量(A_h)与负载容量(A'_h)之比控制在3～6倍左右为宜(连续阴雨天数较少的地区可控制在3～4倍左右，连续阴雨天较多地区控制在5～6倍左右）。

蓄电池的容量可按下式计算：

蓄电池容量 ＝ 光源用电功率×每天所用时间/用电电压×连续阴雨天×1.5（损耗系数）

另外根据经验数据，太阳能光伏组件额定输出功率和灯具输入功率之间关系在华东地区大约是（2～4）：1。

c. 蓄电池连接。蓄电池可进行串联和并联连接，串联可提高蓄电池供电电压和容量，而并联连接可提高蓄电池的蓄电能力，但在并联连接时，要考虑防止有的蓄电池亏电，有的满电时的不平衡影响，并且并联组数不宜超过4组。

③控制器选择。

a. 光控。依据太阳能光伏组件白天和晚上呈现不同电压的特性，通过检测太阳能光伏组件极板电压，把参数反馈给控制器，控制器通过对参数的处理控制连接蓄电池与负载间开关按钮的工作，实现白天自动充电，晚上自动放电，或者说白天蓄电，晚上供诱虫灯使用。

b. 蓄电池管理。控制蓄电池的充放电次数，对充放电的条件加以限制，可延长蓄电池使用寿命。蓄电池的管理主要包括：防反充电控制、防过充电控制、防过放电控制。

c. 自动保护。自动保护包括太阳电池板反接保护、蓄电池反接保护、夜间防反充保护、输出短路保护等。

④逆变器选择。光伏阵列及蓄电池提供的电能均为直流

电能，而大多负载需交流电能，需要一种电能转换装置将直流转换成交流。逆变器便是通过半导体功率开关的开通和关断，将直流电能转换成交流电能的电能转换装置，是光伏发电系统的重要组成部分。同时逆变器具有自稳压的功能，可以改善光伏发电系统的供电质量，逆变电路的作用是使得直流电变换为交流电。太阳能杀虫装置是独立光伏发电系统，故采用无源、单相、工频式逆变器。结构原理如图 5-7 所示，采用 DC/DC、DC/AC 两极逆变技术，将其设计成全桥式、MOS-FET 场效应管、电压型、脉宽调制式（PWM）正弦波逆变器。

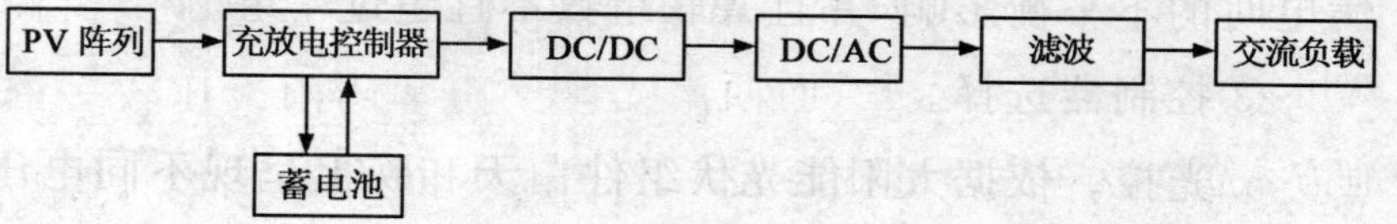

图 5-7　光伏发电系统逆变器结构原理图

⑤高压电路。高压电路主要是为高压电网工作的，诱虫灯吸引过来虫子以后，要利用高压将其杀死，故要使得蓄电池的直流 12 V 电压利用专门的升压电路使其电压上升到 6 000 V 以上，同时保证电流值不宜过大，保证安全性。

⑥电源电路。无论是控制器电路，还是逆变器电路、高压电路，都会用到供电路工作的电源，但蓄电池的电压由于不稳定性和电路中所需电压值的不统一性，故应专门设置电源电路。

(六)光伏杀虫灯的选择

我国区域辽阔,南北东西气候差异很大,虫害特征也不一样,所以选择光伏杀虫灯应因地制宜,充分考虑用途、应用场合等因素的影响。

(1)使用地点

我国幅员辽阔,选择杀虫灯要充分考虑使用地点的差异,既是选择同一种杀虫方式的光伏杀虫灯,种类和型号也会不同。如西北区域光照资源丰富,阴天少,在选择蓄电池的时候就可以考虑容量小一些,而西南光照资源和阴雨天比较多的地方,选择蓄电池容量就要大一些。另外,光伏板的设计倾角也会不同。这些都会影响杀虫灯的使用。

(2)应用场合

光伏杀虫灯可以应用到果园、茶园、水稻田、大棚温室、葡萄园等,以及养殖场。要充分考虑应用场合的影响,在果园、茶园、水稻田等可选用电击式,而葡萄园和水产养殖场可考虑选用水淹式。

(3)使用用途

杀虫灯的使用,目前有两种,一种是消灭对作物生长和养殖不利的昆虫,而另一种则以虫情预报为主,用途不一样也决定了选择不一样。虫情预报应选择毒杀式杀虫灯,而其他的则选择电击式和水淹式。

(七)光伏杀虫灯的安装

光伏杀虫灯应按以下步骤安装。

(1)基础施工

在指定安装的位置，按照设计要求挖出合适尺寸的基坑，将基础钢筋笼用混凝土固定在基坑内，使四根固定灯杆的螺杆露在外面，灌注混凝土前须裹住四根螺杆，以免混凝土粘在上面影响灯杆的安装。待混凝土强度达到70%以上后安装灯杆。

(2)组装太阳能光伏组件

用两根导线连接电池板背面的接线盒，并明确正负极，然后将接好线的电池板固定在电池板支架上面。

(3)向灯杆内穿线

向灯杆内的穿线包括蓄电池连接线和太阳能光伏组件连接线。蓄电池连接线一端在灯杆底部(即安放蓄电池处)，另一端在灯杆中上部的杀虫灯安装处；电池板连接线一端在灯杆顶部，另一端在杀虫灯安装处。

(4)将太阳能光伏组件安装到灯杆

把固定在支架上的太阳能电池板与灯杆内的电池板连接线连接好，明确正负极，将支架插入灯杆顶部，并拧紧固定螺钉，以免电池板在安装过程中脱落。

(5)连接蓄电池

将灯杆内的蓄电池连线连接到灯杆下面的蓄电池。连接之前须确认连接线另一端两线头无接触，避免蓄电池短路。线头连接处须置于蓄电池上方或离基础较高处，避免下雨时接头处入水影响线路的导通性，从而使蓄电池无法正常充放电。

(6)安装灯杆

将灯杆竖立在基础之上，垫上垫圈，拧上固定螺母，先别拧太紧，确认所有线路连接正常后再拧紧。

(7)连接杀虫灯

连接杀虫灯与电池板、蓄电池连线。杀虫灯与蓄电池、电池板由一个防水接头连接，拔掉连接头再接线。一般接头的红线为蓄电池正极连接线，黑线为蓄电池负极连接线，蓝线为电池板正极连接线，绿线为电池板负极连接线。若是无连接防水连接头的杀虫灯接线时，须注意先连接蓄电池后再连接电池板，因为先接电池板会使杀虫灯直接放电，有可能造成安装人员被高压电电到。

(8)检查线路，并固定灯杆

检查所有连接线路，确认连接无误后，将灯杆固定螺栓拧紧。

(9)调节太阳能光伏组件方位角

调节太阳能光伏组件的方位角使电池板正面正对正南方，让电池板尽可能大的接受太阳光照射。灯杆过高时，可事先确认灯杆的安装方向，调整好电池板方位角。

(八)太阳能光伏杀虫灯安装检查

太阳能光伏杀虫灯安装完毕后，应对高压电击网、雨控系统、光控系统以及电气系统进行全面检查。

(1)检查高压电击网

电击网是由若干根电镀直铁丝(电击丝)或不锈钢丝等距离排列和焊接而成，其基本要求是，相邻的电击丝之间距离相等，电击丝直而不弯，电击丝焊接牢固，无脱焊和松动现象。高压电击网与线路安装板之间必须保持 3～4 cm 的间隔，以防在运行中电击网与线路安装板之间通路和电打火。电击网上端固定于线路安装板下方，电击网上端的绝缘接线柱必须位于线路安装板的安装孔中心，不得偏离，否则接线柱中的金属螺丝会与接线安装板靠近的一侧打火。

(2)检查电气性能

控制器和逆变器的拨键必须按光伏杀虫灯的技术要求摆放正确。光敏二极管要逐个打开，看是否通路灵敏。高压变压器检查内容，一是产生的高压是否达标，输出端能否达到额定的高压电值;二是高压变压器输出端电源线绝缘程度是否有漏电现象。

(3)检查雨控装置

雨控装置通常由两个金属圆触点组成,触点间相隔距离约 3 mm。当降雨时,触点间积水,两触点短路,杀虫灯停止工作。在杀虫灯打开时,可对触点间滴上水珠,令其短路,如果灯立即熄灭,表明雨控装置工作正常。

(4)检查光控装置

光控装置是由光敏二极管或硅片组成。采用光敏二极管,在检查时可以用黑布遮盖光敏二极管,令其处于黑暗状态,杀虫灯应该自动打开,掀开黑布,杀虫灯自动关闭,表示工作正常。

(九)太阳能光伏杀虫灯维护

为延长太阳能光伏杀虫灯的使用寿命,并保持良好的性能,在杀虫灯使用中应按以下要求做好日常保养。

(1)注意清扫高压网上残留害虫

利用绝缘毛刷对高压网上的残留害虫进行清扫,但应避免在杀虫灯工作时进行此操作,以免触电。害虫多的夏季需一两天清理一次,害虫少的季节可视电网上的虫子量来进行清理。若没及时清理电网上的虫子,残留的虫子可能会使杀虫灯持续放电,导致蓄电池蓄电量浪费以致不能正常杀虫,当残留虫子过多时也有可能放电时使虫子燃烧起来，烧掉整个杀虫灯。

(2)及时清理接虫袋内的虫体

接虫袋内的残留虫子要及时倒出，以免形成新的污染源。

(3)随机检查连线连接

若发现杀虫灯无法达到标准的工作时，可能是线路连接处接触不良导致线损，从而使蓄电池充电不够。检查各连接处看是否松动虚接或线路有铜垢，重新扭紧连接线或除掉铜垢连接好。连接处尽量不要露在灯杆外，以免雨天可能入水后造成线损。

若发现杀虫灯无法正常工作，诱虫灯不亮时，极有可能是蓄电池连接保险烧掉了，更换一个即可。

(4)避免触电

杀虫灯工作状态时切勿触摸，尤其是小孩，由于工作时是高压放电，避免出现意外。

(5)节约用电

光伏杀虫灯在不工作的情况下或储存时请务必关掉开关，以防损耗电能。

(6)蓄电池保养

杀虫灯如超过 2 个月不工作时务必把灯拿到阳光下充电，以防蓄电池断电或减少寿命。

参考文献

[1] DGJ32/J 87—2009. 太阳能光伏与建筑一体化应用技术规程[S].

[2] JG/T 231—2007. 建筑玻璃采光顶[S].

[3] 郭廷玮，刘鉴民. 太阳能的利用[M]. 北京：科学技术文献出版社，1987.

[4] 谢建，马勇刚. 太阳能光伏发电工程实用技术[M]. 北京：化学工业出版社，2010.

[5] 杨金焕，于化丛，葛亮. 太阳能光伏发电应用技术[M]. 北京：电子工业出版社，2009.

[6] 周长吉. 现代温室工程. 2 版[M]. 北京：化学工业出版社，2010.

[7] 周长吉. 温室工程设计手册[M]. 北京：中国农业出版社，2007.

[8] 余世杰，等. 光伏水泵系统[J]. 太阳能，2000(3) .

[9] 杜恩社. 西藏太阳能利用现状及对策[J]. 西藏科技，2001(9)：54-58.

[10] 吴永忠. 太阳能光伏提水技术[J]. 内蒙古水利，2002(2)：68-69.

[11] 李润杰. 光伏提水技术在青海省推广应用初探[J]. 青海科技,2004(6):20-23.

[12] 刘伟. 太阳能光伏提水节水灌溉技术[J]. 节水灌溉,2004(5):49-50.

[13] 余世杰. 经济效益和环境效益的结合——光伏水泵系统[J]. 合肥工业大学学报(自然科学版),2000(2):154-159.

[14] 程荣香,张瑞强. 光伏提水技术在农作物灌溉上的应用[J]. 可再生能源,2008(1):72-73.

[15] 周光明. 高海拔地区的光伏水泵系统[J]. 阳光能源,2008(6):16-17.

[16] 郭湘君,等. 光伏阵列太阳能杀虫灯控制方法[J]. 轻工机械,2010,28(5):66-72.

[17] 夏小会,等. 光伏照明在农业照明中的应用[J]. 安徽农业科学,2011,39(26):16402-16404.

[18] 周潘兵. 光伏技术与应用概论[M]. 北京:中央广播电视大学出版社,2011.

[19] 彭梅牙. 新余市大力发展光伏农业[J]. 南方农机,2012(2):3-5.

[20] 冯春林. 中国光伏产业政策及效果评价研究[J]. 重庆科技学院学报,2012(18):66-68.

[21] 陆俊. 太阳能光伏产业发展提升问题研究[J]. 当代社科视野,2012(10):20-24.